桑树在水库消落带生态修复中的应用

孔琼菊　傅琼华 等　编著

U0238187

中国水利水电出版社
www.waterpub.com.cn
·北京·

内 容 提 要

　　本书分析了消落带对水库生态环境的影响，归纳了水库消落带开发利用模式与生态修复技术，结合桑树在江西省水库消落带修复中的应用实例，分析和总结了桑树在水库消落带生态修复中存在的问题及原因，为桑树在水库消落带生态修复中的应用提供了借鉴。

　　本书可供水利工程管理者和专业技术人员阅读，也可供相关专业高等院校师生参考。

图书在版编目（ＣＩＰ）数据

　　桑树在水库消落带生态修复中的应用 / 孔琼菊等编著. -- 北京 : 中国水利水电出版社，2019.10
　　ISBN 978-7-5170-8182-1

　　Ⅰ．①桑… Ⅱ．①孔… Ⅲ．①桑树－应用－水库－生态恢复 Ⅳ．①TV697.1

　　中国版本图书馆CIP数据核字(2019)第238472号

书　　名	**桑树在水库消落带生态修复中的应用** SANGSHU ZAI SHUIKU XIAOLUODAI SHENGTAI XIUFU ZHONG DE YINGYONG
作　　者	孔琼菊　傅琼华　等 编著
出版发行	中国水利水电出版社 （北京市海淀区玉渊潭南路 1 号 D 座　100038） 网址：www. waterpub. com. cn E - mail：sales@waterpub. com. cn 电话：(010) 68367658（营销中心）
经　　售	北京科水图书销售中心（零售） 电话：(010) 88383994、63202643、68545874 全国各地新华书店和相关出版物销售网点
排　　版	中国水利水电出版社微机排版中心
印　　刷	天津嘉恒印务有限公司
规　　格	170mm×240mm　16 开本　6.75 印张　132 千字
版　　次	2019 年 10 月第 1 版　2019 年 10 月第 1 次印刷
印　　数	0001—1000 册
定　　价	**55.00 元**

　　水库消落带又称消落区或涨落带，指的是水库周边由于水位季节性涨落而周期性地出露于水面的一段特殊区域，通常指正常蓄水位与死水位之间的区域。水库消落带作为水库的一部分，干湿交替是其主要特征。水库消落带受到水、陆生态系统的交替控制和影响，属于库区陆地生态系统与水生生态系统之间的过渡性区域，它起着承上启下的关键作用。人类活动产生的生活污水、工业污染物以及农业面源污水，均会通过消落带进入库区水体。水库消落带是水库的最后一道生态屏障，对水土流失、养分循环和非点源污染有着缓冲和过滤作用，在保障水库安全等方面具有重要作用。随着人口增长、工业进步和社会发展，土地利用需求快速增加，河流流域被过度开发，水库消落带面临着日益严重的水环境问题、水土流失问题以及库岸地质环境问题，严重威胁库区安全，水库消落带生态修复越来越重要。

　　本书在参考大量国内外水库消落带开发利用与生态修复资料的基础上，分析了水库消落带对水库生态环境的影响因素和特点，归纳了水库消落带的开发利用模式与各类常用的生态修复技术，梳理了水库消落带修复的常用植物，总结了桑树在三峡水库消落带修复中的应用情况和成果，并将其应用于江西省水库消落带修复中，对桑树进行的扦插育苗试验表明，桑树繁育能力强，在江西省水库消落带治理的探索应用中取得了一定的经验。全书总结了不同消落带条件下桑树的生长状况和治理效果，分析了桑树在水库消落生态修复中存在的问题和原因，展望了水库消落带开发利用的前景，为今后桑树在水库消落带的修复应用提供了经验与教训，供有关学者及水利工程管理者参考。

本书是在傅琼华主持的"水库消落带的开发利用与生态修复技术研究"项目成果的基础上提炼编写而成。全书共分7章，第1章由孔琼菊、卢江海编写；第2章由卢江海、孔琼菊编写；第3章由卢江海、李喻鑫编写；第4章由孔琼菊、黄丽丽、刘小平编写（扦插育苗试验技术来自于江香梅、肖复明、邱凤英、严员英等）；第5章由孔琼菊、李喻鑫编写；第6章由孔琼菊编写；第7章由孔琼菊、卢江海编写。项目研究过程中，江香梅、马秀峰、喻蔚然、肖复明、邱凤英、董建良、魏春华、严员英等做了大量的工作，同时得到了江西省水利科学研究院领导、重庆海田林业科技有限公司任荣荣等的技术指导，在此表示衷心的感谢。感谢中国水利水电出版社为本书出版付出的辛勤劳动。本书在编著过程中，参阅了大量有关消落带研究的文献资料，部分内容已在参考文献中列出，但难免仍有遗漏，在此一并向参考文献的各位作者致谢。

由于编者水平有限，加之时间仓促，书中难免有不妥之处，敬请同行和读者批评指正。

编者

2019 年 5 月

目 录

第 1 章

绪　　论

1.1　消落带的定义及分类

　　水库是一种介于河流和湖泊之间的人工湿地。与天然湖泊不同，水库是人工建筑和自然山水相结合的复合体，主要由水体、水生生物、库岸（盆）和水库建筑物四大部分构成。通常对于大型的水库和湖泊来说，可以将其划分为3个区域，即水体带、湖（库）岸带和湖滨（消落）带。水体带是指接近陆地、常年淹没的水体地带，水位受降水量直接影响，其水体水质受流动污染源及湖（库）的岸边污染影响，水体带是湖（库）周边水生生物发育的物种来源基地。湖（库）岸带是指接近湖水而不被水体淹没的地带，它位于最高水位之上，是对湖（库）水影响较大、人类活动十分频繁的陆地地带，是湖滨（消落）带陆生生物的自然发育基地，同时也是泥沙和污染物的直接来源地。湖滨（消落）带是指由于湖（库）水水位在一定范围内波动，在最高水位线和最低水位线之间、周期性地被水淹没和露出水面的地带，是水陆交错带。湖滨（消落）带又被称为湖泊的"肝脏"，具有很强的解毒净化作用，同时也是水陆两种生态系统间交换的廊道，具有缓冲带和植物护岸的功能。对于水库来说，由于水库季节性水位涨落，库区周边被淹土地周期性地出露于水面的一段特殊区域，称为水库消落带。水库消落带是水生生态系统和陆地生态系统交替控制的不稳定过渡地带，季节性的水涨水落导致沿岸土地上的植被逐渐消亡，呈现出荒漠的、几乎无植被的带状区域，因此，消落带是一类特殊的湿地生态系统区域，它起着承上启下的关键作用，是生态环境十分脆弱的地带。

　　水库消落带问题是水库运行中较为严重的生态问题之一。一方面水库兴建后淹没了兴建前自然状态下的湿地，导致兴建前自然状态下的植物资源消亡，同时大坝截断了流域上下游之间物质、能量和信息的交流，破坏了原有生态功能的完整性；另一方面水库消落带又产生了新的退化生态系统，往往造成植被破坏，生物多样性下降，小气候恶化，库岸遭受侵蚀，严重威胁库区安全。消落带的数量和种类繁多，功能相对复杂，不同区域、不同时段差异性较显著，导致其未形成统一的定义。20 世纪 70 年代末，消落带被认为是陆地上与水体发生作用的植被区域。之后，Lowrance 等将消落带的定义拓展为广义和狭义两种：广义上消落带是指靠近河边植物群落（包括组成、植物种类复杂度）及土壤湿度等高低植被明显不同的地带，即受河水直接影响的植被区域；狭义上消落带是指河水与陆地交界处的两边，直至受河水影响消失为止的地带。大部分学者主要以狭义概念作为研究基础。消落带分类对消落带的治理以及模型的建立有重大作用，只有正确划分消落带类型，才能充分合理地利用各种资源进行植被恢复工作。国外对消落带类型划分鲜见报道，而国内多是以消落带形成的原因、地质地貌特征、人类影响的方式及消落带开发利用的时间段等进行分类。消落带按形成原因可分为自然消落带和人工消落带。谢德体等考虑了人类活动影响情况，将消落带划分为城镇消落带、农村消落带、库中岛屿消落带、受人类活动影响的消落带 4 类；谢会兰等结合消落带被淹区域出露水面的时间不同，将消落带划分为常年利用区、季节性利用区和暂时性利用区。

　　本书所称的水库消落带是指由于水库季节性水位涨落和周期性蓄水泄洪而使周边被淹没的土地周期性地出露于水面的一段特殊区域。根据南方地区水库消落带土壤质地和坡度等条件，将水库消落带分为土质缓坡型消落带、土质陡坡型消落带、岛屿缓坡型消落带、岩质陡坡型消落带。

1.2　水库消落带开发利用与生态修复的意义

　　随着人口增长、工业进步和社会发展，土地利用需求快速增加，河流流域被过度开发，水库的生态问题已经不容忽视，研究、保护水库生态是目前人们非常关注的问题。水库生态系统自身有一套完整的信息、物质、能量循环机制，它不是独立于周围环境的，而是与其他生态系统也存在着物质、能量、信息交换。其中，水库生态系统与陆地生态系统的相互作用最为显著，水体的很多生物物质和能量源都来自于陆地生态系统（如水库中许多初级消费者以碎屑为食，这些碎屑主要来源于由陆地植被冲入或落入的有机物质），而两者之间主要是通过水库消落带相互作用的。水库消落带将两者紧密地联系起来，成为两者相互作用的重要纽带和桥梁。水库消落带上的植被对水陆生态系统间的物流、能流、信息流和生物流等发挥着廊道、过滤器和屏障的作用。

　　水库消落带作为一种生态交错带，受到库区水位变化的强烈影响，具有明显的边缘效应，其植物群落组成、结构和分布格局以及生态环境因子等与远离水库的植被群落相比有着较大的差异。水库消落带生态系统对增加动植物物种种源、提高生物多样性和生态系统生产力、进行水土污染治理和保护、稳定库岸、美化环境、开展旅游活动等均有着重要的现实意义和潜在价值。因此，保持水库消落带生态系统的生态平衡、生态安全、生态健康，对维持水库生态系统的生态功能、保护水库生态有十分重要的意义和价值。

水库消落带所处环境特殊，淹没与出露交替，生态环境变化大，一般植物难以适应。水位回落时水库消落带呈裸露状态，干旱贫瘠；水位回升后水库消落带则长期受淹。普通的水生植物不抗旱，旱生植物不耐淹，而贫瘠的坡面环境更限制了适宜生存植物的选择。水库消落带的水陆两栖植物必须能够抵抗反复多次的水体浸泡，抗污耐污，并具备一定的水质净化能力。本书选择耐旱、耐淹的两栖植物（如改良桑树）应用于水库消落带治理，不仅能解决消落带的有关问题和治理难题，而且能改善生态环境，促进水库的可持续发展，营造水库消落带护岸林，增加库区生物量，减少水库淤积，延长水库寿命，维护库区生态安全，对缓解库区人地矛盾、促进库区经济社会的可持续发展有重要的现实意义和社会意义。

1.3　水库消落带开发利用与生态修复的发展水平

1.3.1　国外水库消落带开发利用情况

国外很多国家如美国、芬兰、苏联、英国、加拿大，在 19 世纪末到 20 世纪初就开始了对湿地的系统研究。现在，湿地的研究和保护已经引起了各国政府的关注。湿地科学是研究湿地形成、发育、演化、生态过程、功能及其机制和保护与利用的科学，它是由地理科学、环境科学、水文科学、生态科学和资源科学等多学科交叉而成的边缘学科，因而国外对湿地的研究也从上述多个方面展开。

当前国际湿地研究前沿主要涉及以下领域：①湿地管理和保护，现在的湿地保护已经不再局限于建立湿地保护区和与水禽有关的湿地管理的狭隘认识范围内，而是放眼于景观和生态系统这个大范围的保护与管理，并进行跨地区与全球范围的相互合作；②湿地的形成、发育与演化；③湿地古环境重建；④湿地生态系统的生态过程与动态、湿地生物多样性保护、湿地温室气体排放、温室效应和全球环境变化；⑤湿地退化机制；⑥退化湿地恢复与重建及人工湿地构建；⑦湿地生态系统健康与湿地评价；⑧泥炭地与泥炭开发利用；⑨湿地生态工程模式与管理技术、新技术、新手段与新方法的利用等。

湿地涉及诸多生态问题，国外对湿地开展了丰富的研究，在如湿地对 P 的去除机理，湿地对营养物的去除机理，公众对湿地保护区的支付意愿，以及海岸湿地、潟湖湿地等方面都有显著的成果。美国环境保护署（EPA）研究团队总结了湿地状况的快速评价方法，在美国，稳定湿地面积、重建湿地的复合景观、丰富生物多样性、减少水体污染和控制外来种的入侵与扩张、促进湿地原有植物的定居与扩增以及原有植被的恢复是湿地恢复的关键，也是恢复工程设计与实施的核心。英国开展了关于湿地及其范围内的集约化农业行为之间的关系研究。此外，国际上对湿地的管理也开展了广泛的研究，提出了湿地评价水文地貌法（HGM）模型、多目标决策管理等，同时也开展了保护湿地的生态工程研究。

按湿地分类标准，水库和湖泊均属于湿地的一种。水库消落带研究已成为当前国际上生态学、环境科学、地学、经济学、生态健康学等学科研究的一个新热点，而消落带的开发与恢复、保护与管理、生态修复研究则是消落带研究中的重点与热点领域。

由于西方国家人地矛盾不突出，社会经济较为发达，其水库大多修建于人口稀少的地区，因而水库对环境的影响大多集中于水库对水质、野生动植物种群、上下游生态系统变化、局地气候、温室效应等方面。

1.3.2 国内水库消落带开发利用情况

目前，我国的湿地研究主要是对湿地的整体研究，研究方向包括宏观研究自然湿地的演变规律和微观研究湿地的开发利用与保护两个方面。对于濒水湿地，特别是濒湖湿地（湖岸带湿地）随湿地整体演变而变化的研究工作开展得不多；对于水库和湖泊的湖岸带，尤其是湖泊的湖岸带，国内开展了多方面的研究，如洞庭湖、太湖、鄱阳湖、白洋淀等湖岸带湿地研究；对水库形成的库岸带湿地、特别是消落带的研究开展得很少。人工湖（库）不如自然湖泊经历的时间长，演变不很显著，但是它对人类的影响更为直接，更加巨大，也更需要研究。目前，我国湿地区划、保护规划、功能规划、退化湿地恢复规划以及湿地评价的方法、标准、指标体系还在制定过程之中，对湿地健康预警、湿地构建、退化恢复、重建理论与技术的研究还相对落后。

湿地恢复的理论基础是恢复生态学。湿地恢复的基本目标包括：①实现生态系统地表基底的稳定性；②恢复良好的水状况；③恢复植被和土壤，保证一定的植被覆盖率和土壤肥力；④增加生物多样性和实现群落恢复；⑤恢复景观和美学享受；⑥实现社会经济的可持续发展。

根据湿地的构成和生态系统特征，湿地的生态恢复可概括为湿地生境恢复、湿地生物恢复和湿地生态系统结构与功能恢复，主要内容包括：①湿地生境恢复技术，包括基底改造、水土流失控制、污水处理、水体富营养化控制，目标是通过采取各类技术措施，提高生境的异质性和稳定性；②湿地生物恢复技术，包括物种选育和培育、物种引入、物种保护、种群动态调控、群落优化配置与组建、群落演替控制与恢复等；③生态系统结构与功能恢复技术，包括物种与生物多样性的恢复与维持技术、生态系统恢复关键技术，生态系统结构与功能的优化配置、生态系统重构及其调控技术等。目前国内对大型湖泊的湖滨带、河岸带和湿地的生态重建研究较多，如太湖、洞庭湖、洪泽湖、洱海等的生态重建取得了显著成绩。但总的来说，我国河岸带及其退化生态系统的重建理论与实践研究均较为薄弱，大型内陆湖泊和湿地受到污染和人为干扰，其湖滨带湿地生态系统受到损坏，功能被削弱。

如前所述，广义的"消落带"定义中包括河流的河岸带与湖泊的湖滨带，它们在长时间的生态系统自然演替和生物的自然选择中，已经建立起动态的平衡，其区域的生态系统已经适应水陆交错的自然生态环境。在河道中兴建水库，使得这一平衡状态被打破，人工水库的修建不仅改变了原有近水地带的生态环境，提高了水位线，同时扩大了自然条件下河流的水位消落范围。随着水库蓄水量和淹没范围的增加，水库消落带生态环境问题就明显突出。

在我国，水库附近往往有大量居民，水库消落带基本上都处于水库移民自发利用的阶段。国内对水库消落带的研究起步较晚，研究内容主要集中在消落带土地利用模式、消落带功能、消落带管理以及树种的选择和受淹时间内植物能正常生长的期限，大多数研究都关注消落带的农业利用模式或渔业利用模式。这些研究认为消落带具有广泛的经济利用价值，但大都忽略了消落带的生态保护：一方面这些研究绝大多数是宏观的定性研究，有些定性研究仅仅是在总结某一特定地区情况的基础上得出的结论，不具有普遍意义，缺乏普遍适用性；另一方面，有关消落带定量方面的研究目前还很少，这给消落带生态系统的建设、保护与管理带来了一定的困难。

目前，我国一些已建成的大型水库开展了一些水库消落带的研究工作，如水库消落带土地利用优化方法研究、新丰江水库消落带岸坡侵蚀研究、李氏禾的水土保持特性及其在新丰江水库消落带的应用等。这些研究主要集中在消落带植物区系、群落分类和植被功能分析以及水库消落带的生态环境和土地资源的开发利用等方面，对水库消落带植被人工重建技术的研究相对较少。

消落带植被是生长在消落带区域内植物的总和，是消落带功能的主体，其特征及生态过程由水位涨落过程、区域气候、地质构造、沿库岸上下及两侧的生物和非生物等共同决定，并与局部地形、地貌、土壤、水文、干扰级别等密切相关。

在水库消落带内种植植物的研究基本集中在对树种的选择方面，研究结果表明：池杉、落羽杉、垂柳均能耐一定水淹。在整株淹没后，垂柳成活率下降，池杉、落羽杉则不受影响；水淹时间为 200d 时，池杉、落羽杉的生长量处于正常范围内。在水库消落带种草、养鱼、防淤减积综合效益研究方面，研究结果表明：在南方水库消落带种植黑麦草，在荒山堤坝种植扁穗牛鞭草、岸杂一号狗牙根和皇草，在幼林行间种植鸡脚草、拉丁鲁白三叶等饲草配套养鱼，能起到防止水土流失和防淤减积的效果，经济、生态和社会效益显著。总的来说，目前国内关于水库消落带的研究开展得比较少，而且不是很深入，采用的手段也大多是种植草皮和一些耐水性的树种，如两栖植物落羽杉、澳洲白千层、两栖榕、水翁、蒲桃、李氏禾、香根草等，这些措施在防止水土流失和防淤减积试验上取得了一定的效果。

三峡工程完工后，对三峡水库消落带的研究逐渐多了起来，研究内容主要包括库区消落带内被淹没土壤的重金属元素分析、消落带景观生态变化、地质灾害、土地利用方式、生态环境问题、消落带土壤对磷元素的吸附特征等，并对三峡库区消落带的生态重建进行了初步研究。

2010 年 1 月，为了探索新的治理三峡水库消落带的方式，同时又能够带来较好的经济效益，饲料桑树（桑树经改良后的品种，以下统称"桑树"）首次在三峡水库消落带里种植，并取得了成功。

在"长江三峡水库消落带桑树耐水淹试验"中，对高程 167～175m 范围内的 23 块坡地、稻田土上种植的桑树在不同淹没深度、淹没时间的成活率进行了研究，结果发现桑树具有极强的耐水淹特性，根系发达的多年生桑树在水淹 13.2m、水淹时间 214d 后，仍能存活并发芽展叶，形成新的树冠，而 1 年生桑树实生苗耐水淹时间的临界点为 150d。在高程 170～175m 范围内种植的 1 年生桑树实生苗生长 6 个月，经过 1～2 次刈割后被淹没，在经历 90～118d 的没顶水淹后，仍能正常萌发，萌发率达 62.6%；随着水淹时间增加、淹没深度加大，桑树实生苗萌发率减小。同时，因为坡地排水条件比稻田土排水条件好，相同高程、相同淹没条件下，出露后坡地的发芽率比稻田土上的发芽率高，保留秋枝比不保留秋枝（枝叶全割）的发芽率高。

根据华南地区水库消落带与其他地区消落带的不同特点，对华南地区水库消落带进行了植被恢复研究，针对华南地区水库消落带适生植物进行了一系列模拟筛选及现场试验，试验结果表明：6 种草本植物（铺地黍、李氏禾、狗牙根、香根草、芦苇、芦竹）的模拟试验中，适合华南地区水库消落带生长的两种草本植物为铺地黍和狗牙根。各种植物（铺地黍、狗牙根、马唐、蟛蜞菊、水杉、水翁、水蒲桃、水榕、葛藤）在新丰江水库消落带的现场适生试验结果表明铺地黍和水翁为适生先锋植物，狗牙根、蟛蜞菊、水杉及水蒲桃为适生辅助植物，马唐和水石榕为不适生植物。具体表现为在受水淹影响的高程区段，大多数植物的活力明显受到水淹的影响：①草本植物方面，铺地黍和蟛蜞菊在水淹之后均能够迅速生长，铺地黍在退水后 7d 之内就发芽，蟛蜞菊也能够在退水 15d 后开始发芽，铺地黍在退水后 30d 的单位面积生物量及覆盖率最大，分别为 $621.32g/m^2$ 和 41.67%，同时生物量增长速率也最大；而蟛蜞菊的覆盖率增长最快，狗牙根长时间并未见发芽，在退水 30d 后开始发芽，且生长极其缓慢，马唐基本死亡。②乔木中水翁生长状况最好，水退后 2d 就能长新叶，除水石榕在水淹之后无发芽迹象外，水杉和水蒲桃均能快速恢复生长；葛藤能够适应消落带非淹没环境，在阻挡雨水冲刷、降低土壤水分蒸发方面起到较大作用，在水库消落带植被恢复中的作用显著。

新丰江水库消落带中适生植物种植区域的植物丰富度要明显高于未种植区域，在受到水淹影响的高程区段表现得尤为突出，这说明适生植物的种植并不仅是简单地增加了消落带的植物多样性，在一定程度上它能为其他植物改善生境，增加其他植物进入消落带生态系统的可能性。

根据前人针对水库消落带适生植物筛选的研究成果及使用的技术方法，在新丰江水库消落带植被恢复现场试验的基础上，改进并扩展了原有几种消落带植被恢复技术方案，提出了针对不同类型消落带（土质型消落带、岛屿型消落带、岩质型消落带）的植被恢复技术方案，并针对各类型消落带技术方案进行了经济技术工程造价分析，分析结果表明：岛屿型消落带造价最高，约为 178384 元/万 m^2，岩质型消落带植被工程造价最低，而土质型消落带植被工程造价略低于岛屿型消落带；所有类型消落带造价中以苗木及必备物资费用最高。

1.3.3　江西省水库消落带开发利用现状

本书项目组对江西省部分大中型水库消落带进行了实地调研，收集、整理了 189 座大中型水库消落带的治理情况调查表，调查结果显示：江西省 189 座大中型水库中，消落带已局部治理或全部治理的水库共有 18 座，占 9.5%；消落带未治理的水库有 171 座，占 90.5%。其中，局部治理或全部治理的水库消落带主要以种树或种草皮为主；未治理的水库消落带主要利用模式包括：①已种农作物或者局部种农作物；②未种农作物，一直荒芜着；③长满了杂树、杂草，不适宜开发利用等。通过调查可知，已治理的水库消落带，其治理方式多数以在地势较高的地方种树或者种草皮为主，治理效果不明显；没有治理的消落带几乎没有利用，偶有当地居民在水位降低时或者是地势较高的地方，自发地种一些蔬菜等，水位上涨时则被淹没。

在调查中，共有 149 座水库填报了消落带面积。经统计，正常蓄水位以上的水库消落带面积达 17 万亩❶，估算江西全省大中型水库消落带面积约有 28

---

❶　1 亩 $\approx 666.7m^2$。

万亩，而消落带面积达到万亩以上的有吉安螺滩水库、乐平共产主义水库等。经调查，水库水位变化是消落带生态系统健康和完整的主要影响因素。水库水位变化按是否受人为因素影响可分为自然水位变化和人为调节水位变化。自然水位变化受气候变化、季节变更控制，其水位变化特征是雨季水位上涨，旱季水位下降；人为调节水位变化受不同的经济社会目的控制，水位变化差异很大。通常，自然水位变化具有暂时性、稳定性，雨季或洪泛时期，消落带被淹没，洪水过后，消落带便重新暴露出水面；而人为调节水位变化，其消落带的淹水时间更为长久。

调查发现，消落带土地的坡度决定消落带土地成陆期间出露面积的大小及形态，影响和控制消落带土壤的冲刷侵蚀与泥沙淤积、地质灾害的发育发生及库岸带稳定性，影响消落带湿地生态系统规模及特征。坡度与面积相关性极为显著，坡度越小，消落带出露成陆的面积越大，因此可按坡度对消落带进行划分。即坡度小、面积大、水浅的地区可以适当利用。一般情况下，坡度小于7°，水深浅、面积大的消落带可以种植防护林；坡度为7°~25°，水浅的消落带可以作为生物多样性培育保护区；坡度大于25°的消落带，在长时间的降雨地表径流和水库涨落及风浪的冲刷侵蚀作用下，显露出成土母岩，大多植物难以生长存活，所以，坡度大于25°的消落带一般为不可以利用的区域，该区域以保护为主。

从水位高程（水深）角度来看，消落带不同水位高程区段可以表征消落带淹没与出露成陆的季节及时间长短，结合水库调度运行特征，可将消落带水位高程划分为3个区段：①设计标高水位线至大坝坝顶高程标高之间，此区段受水位影响最小，可选择的物种最多，但是一般情况下坡度较陡，可利用的消落带面积也较少，估算面积约为消落带总面积的1/5；②设计标高水位线至正常蓄水位之间，此区间消落带估算面积约为消落带总面积的2/5，但是因受水位影响稍大，此区间可选择苗高较高的水杉、水松、落羽杉、池杉等树种造林，苗高一般要在2m以上；③正常蓄水位至非汛期常水位之间，此区间消落带估算面积约为消落带总面积的2/5，此区段受水位影响最大，可以根据各水库消落带的具体情况实现水产养殖或者少量的种植等，也可选择较大的水杉、水松、池杉、落羽杉为主要造林树种。

按相对于水库的位置，消落带可以划分为库尾消落带、松软堆积缓坡平坝型消落带、硬岩陡坡型消落带。库尾消落带可依据消落带水陆交替的时期、频率和区域范围，实现水产养殖、饲草种植等利用模式。松软堆积缓坡平坝型消落带为坡度缓、浸水浅、冲蚀弱的地带，可选用乔、灌、草结合的紧密结构林带来保护库岸，减少水土流失，保护生态。硬岩陡坡型消落带地形陡峭、坡度大，难以利用，主要是以保护为主，对于集镇附近易发生地质灾害的地区进行实时监测并加强防治。

按消落带的土地利用类型和利用特点，可以将消落带分为农村居民点用地、草地（菜地）、林地、水田、滩地及其他等 6 类。滩地及其他一般为不可利用的区域。

综合考虑水库水位、水深、坡度、消落带相对于水库的位置、土地利用等因素，江西省大中型水库消落带可以利用（含短时期利用和长期利用）的面积估算约为 70%，即 1.31 万 hm^2；不能利用只能保护的面积约为 30%，即 0.56 万 hm^2。可利用的消落带中已利用的面积仅约为 12%，即 0.16 万 hm^2；约 88% 的面积未曾利用和治理，即 1.15 万 hm^2。

第 2 章

消落带对库区生态环境的影响

2.1 消落带对水环境的影响

2.1.1 水库消落带对水环境的影响

水库消落带作为水库的一部分，属于特殊的水、陆生态系统交错地带，干湿交替是其主要特征，它在生态系统的稳定、抗外界干扰能力、对生态环境变化的敏感性及生态环境改变速率上，均表现出明显的脆弱特性。消落带不同的干湿状态对周边的环境影响也不尽相同，其对水环境的影响主要分为淹水和出露两个时期。

当消落带处于淹水期时，对水环境的影响主要表现为以下几种消落带内污染物与水环境之间的作用。

（1）沉降作用。沉降作用是水体中的营养物质从水相到固相的迁移过程，它是通过沉降、沿浓度梯度扩散和直接吸附到土壤表面等作用进行的。

（2）扩散作用。当水位线处于消落带土地以上时，淹没土壤和水体之间存在相互交叉作用。水体和处于水体底部的消落带土壤之间，存在污染物浸出区、亚扩散层和紊动层 3 个水固两相界面的交界区。在浸出区，被吸附在土壤颗粒上的污染物解吸出来，并由于分子扩散的作用进入亚扩散层；随后，污染物在分子扩散和紊动扩散的联合作用下进入紊动层；最后通过紊动作用进入上部水体。

（3）吸附和解吸。此过程即污染物在固相、液相之间的分配过程。

（4）底栖生物作用。当消落带土壤处于淹水状态时，适合该条件下的底栖生物对污染物产生影响如下：底栖生物的扰动作用加速沉积物的再悬浮，并改变污染物在沉积物上的吸附和解吸平衡；底栖生物的耗氧作用降低土壤中的氧化/还原电位，可加速土壤中的污染物向水体扩散；底栖生物的固定作用，主要表现为底栖生物通过新陈代谢作用，减缓污染物从淹没土壤中向水体扩散的速度。

当消落带处于出露期时，消落带对水环境的影响表现为湿地对污染物的过滤截留作用，主要包括两个方面：一方面是消落带植物对 N 和 P 等的吸收利用；另一方面是土壤对 N 和 P 等的吸附截留作用。由于消落带湿地拦截的是流域降雨径流输入，消落带湿地对径流的截流作用与其本身的持水状态相关，降雨时间间隔、径流下渗量、延缓径流流速、停留时间等都将影响消落带对污染物的降解和转化效果。

2.1.2 水库消落带土壤环境对水环境的影响

有研究表明：水库蓄水后，水库消落带被淹土壤中有毒有害物质被水溶出，可能引起水库水质下降。千岛湖消落带相关研究表明，浪蚀作用与冲刷作用对千岛湖消落带土壤中全氮和碱解氮流失贡献分别为 80.13 万 t 和 10.95t；硝态氮在消落带综合富积量为 913.39t。土地淹没对水质的影响，主要与库水量和淹没陆地两者的相对比例有关，还与土壤性质有关。国内外关于水库蓄水量和淹没地对水环境影响的调查显示，淹没的土地多，流经被淹没土地的水量大，水质受影响则大；反之，水质受影响则小。

水库蓄水后，淹没土壤对水质的影响比较大。三峡水库被淹没耕地、园地达 2.60 万 km^2，在对长江和三峡库区多年水体中可溶态重金属含量与库区土壤溶出量进行比较后发现，淹没区蓄水后，库区土壤中重金属元素溶出的可溶态浓度均比长江水体中的浓度高，对水质的影响比较大；不考虑水稀释和悬浮固体的影响条件时，在水流较缓的库湾区，蓄水后的一段时间内，水体中重金属元素的可溶态浓度将会明显增高。城镇搬迁后，淹没区土壤中有机和无机污染物溶出对水环境将产生一定的影响。城市垃圾与表层土壤中的污染物含量一般都比较高，蓄水时，它们将被从土壤中溶解出来，增加水中的污染物浓度。研究发现，重庆万州区淹没城区的污染表层土壤中 Cd、Cu、Ni、Pb、TN、TP 与溶解 P 均是淹没区农田土壤中含量的 2～255 倍，城区污染表土中 Cd、Cu、Pb 和 P 的可溶态浓度是农田溶出相应元素浓度的 1.5～45 倍；与长江和三峡库区水体中这些元素的可溶态浓度比较，城区污染土壤溶出元素的最小浓度除 Mn 外，都比三峡库区水体中的元素浓度高 10 余倍到上百倍，最大浓度高几十倍至几百倍，特别是 Cd、Pb、P 等元素的浓度高出 300～560 倍。三峡水库蓄水后，城区污染土壤溶出元素对库区水质影响较大，在淹没区水流缓慢的库湾，这种影响将更为突出，尤其是 N、P 等营养元素浓度的增加将会刺激藻类生长，出现局部的富营养化现象。

2.1.3　库区人类活动对水环境的影响

从地域范围上讲，水库消落带指水库最低运行水位与最高运行水位之间，周期性淹没和出露地表的空间，同时也包括淹水期蓄积于该区域内的水体。库区人类活动产生的生活、工业污染以及农业面源污染，均会通过位于库岸和库区主水体之间的消落带进入库区水体。

消落带与库区水环境密切相关，有研究表明三峡库区在蓄水后支流水体污染呈加重趋势。长江寸滩、清溪场、晒网坝、巫峡口断面，嘉陵江大溪沟断面和乌江麻柳嘴的同步监测结果表明：蓄水前、蓄水期间、蓄水后 6 个重点断面水质出现超标的项目有粪大肠菌群、TP 和石油类 3 项。粪大肠菌群在蓄水前至蓄水后均普遍超标；TP 在蓄水前至蓄水后个别断面出现超标；在蓄水期间重庆万州区的晒网坝断面石油类出现过超标。库区水质监测表明：在 2004 年春、夏季，三峡库区一级支流多处于富营养状态，部分一级支流（含库湾）如香溪河、大宁河、神女溪、抱龙河发生了多次不同程度的水华现象，时段相对集中，范围相对固定。监测结果显示三峡库区内有岸边污染带形成，在重庆云阳县城排污口下游江段同时存在超背景污染带和超标污染带。

据《三峡库区环境监测报告》，2004 年三峡库区直排三江（长江、嘉陵江和乌江）的 51 家重点工业污染源共排放工业废水 24663.0 万 t。2004 年三峡库区直排三江的城市污水口和城市污水处理厂排污口共排放污水 49851.63 万 t。在城市生活污水中，TP、BOD 和 COD 为主要污染物。在农业面源方面，2004 年的监测结果表明，三峡库区农村地区的化肥施用量仍然很高，且有上升趋势；单位面积农药使用量有较大幅度增加。2004 年，库区化肥施用总量按纯量折算为 11.20 万 t，其中氮肥 7.57 万 t，磷肥 2.57 万 t，钾肥 1.06 万 t；化肥施用量为 562.2kg/hm²，比上年增加 6.6%。2004 年，库区农药使用量按纯量折算为 649.66t，其中，有机磷 325.24t，有机氮 155.72t，菊酯类农药 53.89t，除草剂 39.81t，其他农药 75.00t。与上年相比，农药按纯量折算使用量增加 0.7%，有机磷和其他农药分别减少 18.5% 和 17.7%，有机氮、菊酯类农药和除草剂分别增加 90.5%、29.0% 和 26.3%。单位面积农药按纯量折算使用量为 3.26kg/hm²，比上年增加 5.5%。库区有机磷农药虽有较大幅度下降，但仍占农药施用总量的 50%，库区内施用高毒农药的现象仍很普遍。

水库大坝建成后，上游水势由原来的急流直下转为平缓流淌。由于调节径流改变了库区河流的水文水力条件，会引起水质的改变：库区水流流速减缓减慢，紊动扩散能力减弱，会加大岸边污染物的浓度；库区水滞留时间增加，复氧能力减弱，会减少 BOD 的降解，降低水体的自净能力，可能会加剧污染物在沿岸一定范围内的滞留时间，造成水体的恶化。随着工业和生活用水污染以及水体自净能力下降，消落带富营养化相关物质污染会进一步加剧，导致库区局部水域出现富营养化，从而暴发蓝绿藻水华，进而可能出现微囊藻毒素的污染。随着经济社会的快速发展，水库库区河流受中小城镇生活污染、乡镇企业污染及农村面源污染的问题将日益突出，人类活动对水库水环境影响越来越明显，水库消落带水环境治理以及水污染防治也尤为重要。

2.2　消落带土壤理化性质和营养元素的变化

2.2.1　消落带土壤理化性质的变化研究

土壤物理性质是土壤性状的重要组成部分。它不但影响植物的生长发育，而且还调控土壤的化学反应过程。土壤氮磷钾、有机质和 pH 值以及重金属是土壤化学性质的重要组成部分。消落带土壤理化性质的变化，会导致土壤其他特性发生改变。水库蓄水之后，消落带的土壤物理指标、土壤营养指标及 pH 值、土壤重金属含量都会随水库水位多次涨落而发生变化，掌握消落带土壤理化性质的时空变化规律，将对消落带开发利用和生态修复提供重要的理论依据。

范小华等在对水土环境变化下三峡水库消落带生态环境问题研究时发现，周期性淹水增加了消落带岩石的含水量，特别是在汛期，库水的涨落使消落带的岩石表层处于浸水—潮湿—风干的状态变换之中，随着含水量的变化，其力学性质迅速发生变化，干湿交替使黏土质岩石表层膨胀与收缩而产生裂隙，并逐渐向岩石内部发展，致使岩体出现网状裂隙而消解，加快了土壤形成的进度。水分对土壤形成有较大的影响，周期性的库水涨落加快了消落带母岩风化成土的进度。

简尊吉在对三峡水库消落带巫山段和秭归段土壤理化性质的研究中发现，消落带土壤在经历水库水位涨落前（2008 年）和经历多次水库水位涨落后，其物理性质发生变化。随着经历水库水位涨落次数的增加，巫山样地的土壤密度增加，孔隙度和持水量减少；秭归样地的土壤总孔隙度、非毛管孔隙度和最大持水量增加，土壤密度、毛管孔隙度、毛管持水量和田间持水量减少。

与经历水库水位涨落前比较，在经历了 7 次水库水位涨落后，巫山样地和秭归样地 0～30cm 土层的毛管孔隙度、毛管持水量、田间持水量分别下降了17.5％、45.3％、31.7％和 24.4％、44.8％、3.7％。巫山样地的土壤密度增加了 21.3％，土壤总孔隙度、非毛管孔隙度和最大持水量分别下降了 18.3％、23.7％和 33.3％。

研究结果表明，巫山样地和秭归样地在经历水库水位涨落前，0～20cm各土层的毛管孔隙度和0～10cm土层的非毛管孔隙度在样地间的差异不显著；经历1次水库水位涨落后，0～30cm各土层的非毛管孔隙度，以及经历4次水库水位涨落后的所有指标在样地间均差异均不显著，其他指标在样地间的差异显著。经历7次水库水位涨落后，10～30cm各土层的土壤密度、毛管孔隙度、非毛管孔隙度、最大持水量和毛管持水量在样地间的差异显著，其他指标在样地间的差异不显著。

按不同土层，对高程155～172m区段经历水库水位涨落前和经历1次、4次、7次水库水位涨落后的消落带土壤物理指标差异进行分析，结果表明，在消落带经历水库水位涨落前后的各测定年份中，土壤密度表现为随着土层的加深而增大，其他指标减小。经历7次水库水位涨落后，秭归样地所有土壤物理指标在土层间的差异不显著，巫山样地仅有少数土层间的土壤密度、毛管持水量和田间持水量差异显著。

按高程155～172m区段（区段Ⅰ）和高程172～175m区段（区段Ⅱ），对经历水库水位涨落前和经历多次水库水位涨落后的消落带土壤物理指标差异进行分析。结果表明，经历水库水位涨落前后，巫山样地和秭归样地的消落带大多数土壤物理指标在各区段间没有明显差异。

2.2.2 消落带土壤营养元素的变化研究

消落带土壤中的元素变化是一个较为复杂的动力学过程，主要受溶解和吸附过程的控制。一方面，水中的有机物质及部分固体颗粒经沉淀或吸附后，在一定的条件下可补充土壤的有机质，改良土壤物理性质，有利于土壤团聚体的形成；污水中的营养元素（如N、P）经土壤吸附转化可增加土壤中养分的含量，在一定程度上提高土壤的肥力。另一方面，由于周期性淹水，消落带土壤中N、P及其他营养物质从土壤中转移到水体，造成土壤养分流失、水体富营养化，同时也加快了消落带母岩养分的释放。

根据土壤浸泡实验研究，水浸泡对土壤物质的溶出效果是很显著的。8%的含水量和12%的含水量与自然状态养分释放对比实验表明：8%水分处理较自然状态下N、P、K释放分别增加79%、47%、63%，N、K增幅达显著水平；12%水分处理较自然状态下N、P、K增幅均达显著水平，水分对消落带紫色母岩养分释放量的影响显著。另据杨钢研究，受淹土壤中污染物释放量在第一天达到最大值，大约占10d内释放总量的80%～90%，水是土壤物质溶出的重要影响因素。

袁辉等在研究三峡库区消落带土壤N、P释放规律时发现：在江水为上覆水的条件下，消落带土壤向上覆水体释放N、P，土壤淹水后10～15d，其上覆水中营养物质的浓度趋于平衡；未经过施肥处理的消落带土壤在江水浸泡下，对 TP 浓度有吸附作用，使得浸泡结束后 TP 浓度下降 33.4%，表明未经施肥处理的土壤在初次淹水条件下，具有一定的吸磷作用；换水实验表明，土壤 N、P 的释放强度随换水次数增加而降低；大约 15d 后，其 N、P 释放量占总释放量的 86%～89%。

三峡库区消落带土壤在进行淹水—落干处理后，土壤 N、P 最大吸附量有所增加，淹水条件下消落带内吸附了一定外源氮的土壤向上覆水中释放 N 元素，且淹水前土壤吸附 N 元素越多则淹水后释放 TN 物质也越多，好氧条件下的释放量大于厌氧条件。淹水—落干对土壤淹水 P 释放的影响依水体溶解氧浓度的不同而不同，好氧淹水过程中，淹水—落干对土壤 P 释放的影响不明显；厌氧淹水过程中，淹水—落干在第一次淹水过程中对土壤 P 释放影响不明显；在第二次厌氧淹水过程中，经过两次淹水—落干的土壤 P 释放能力比经过一次淹水—落干的土壤 P 释放能力强。消落带周边农田地表径流携带的 N、P 营养物质沉积吸附在三峡水库消落带土壤上，加上沉降累积在消落带中的 N、P 营养物质，在其淹水后，会向水体释放出 N、P 物质，从而增加库区水体发生富营养化的风险。

消落带下部区域在三峡水库调度运行方案下，受淹时间最长。消落带形成后，由于这部分区出露时间最短，长期处于厌氧环境下，其土壤接近底泥状态。对嘉陵江底泥淹水后 N、P 释放进行模拟实验，结果显示：底泥处于淹水期间，均向上覆水中释放 N、P 营养物质，其中，在好氧状态下上覆水中 TN 以硝态氮为主；厌氧环境下上覆水中 TN 以氨氮形式为主；淹水期间前期，N、P 释放速率均较快，随时间增加逐渐减缓；且在厌氧环境下 TP 释放能力比在好氧状态下强；曝气方式对上覆水中的 TN 平衡浓度无显著影响，但对氨氮、硝态氮释放过程有影响，从而影响 TN 浓度变化；落干过程对底泥 N 元素释放有正影响，对 P 元素释放有负影响；在消落带下部区域短暂的落干期间，如果有农业利用，则该部分底泥状土壤在吸附地表径流中的 N、P 元素后，重新进入淹水状态时将增加库区水环境污染和水体富营养化的风险。

2.3　淹没区与自然消落带植被和生物多样性的变化比较

2.3.1　淹没区与自然消落带植被多样性变化

冯义龙在研究重庆市主城区消落带植物群落演替特点时发现：两江消落带（高程 145～175m）内现有的植物群落因受季节性水位变化的影响而发生不同程度的变化。在高程上的分布与原长江河岸消落带的植物群落一样，沿湿度梯

15

度分布，主要呈现以下规律。

常年水位线以下可能由水生植物所代替。常年水位线附近地段夏季陆地出露时间只有 6—9 月 3 个月，而淹水时间长达 9 个月，其中高水位（30m）时间长达 3 个月。因此，在夏季，水体边缘可能存在水生向湿生植物的变化，其他局部干旱地段的植物群落一般应以夏季生长的 1 年生草本植物群落为主。在 5 月至 10 月初，消落带下部出露形成河滩，这里可能以耐季节性淹水的多年生禾本科草丛为主，即存在 1 年生草本植物群落向多年生草本植物群落演替的可能性。但在该地段，由于长达半年左右的较高水位（>15m）淹水，以及周期性落水的冲刷干扰影响，植物群落稳定在低矮的多年生草丛阶段。在 4 月至 10 月中旬，消落带下部陆地出露形成河滩，也应以耐季节性淹水的多年生禾本科草丛为主，但可能以高草草丛为主。在 3 月至 10 月中下旬，水位回落，消落带中上部陆地出露，淹水深度较小（0～13m），这里可能以耐短季节性淹水的植物群落为主，存在多年生草丛向灌丛群落演替的可能性。耐水淹能力较强的秋花柳、枸杞、疏花水柏枝灌丛可能存在于较低地带，耐水淹能力较弱的中华蚊母树、杭子梢、小株木灌丛则生长于较高地带。由于季节性淹水的周期性干扰，植物群落稳定在灌丛阶段。消落带上部，由于淹水浅（0～2m），时间短（11 月至次年 1 月），耐短期洪水的乔木能够生长，如枫杨、垂柳、蒲桃、水杉等。

由于消落带群落演替不仅与植物的生物学和生态学特征有关系，也与原有植被组成情况、基质情况、淹水时间、土壤、坡度等因素有关，因此在不同地段或地区可能出现不同的演替系列。

包洪福在《南水北调中线工程对丹江口库区生物多样性的影响分析研究》中指出：丹江口水库大坝加高蓄水后，水位由 157m 抬升至 170m，淹没面积增加 305km²，其中，耕地约为 77.2%，林地为 22.8%。丹江口水库蓄水后，淹没用材林 41037 亩、果茶园地 21758 亩、其他经济林 16816 亩、柴草山 13976 亩、消落带的意杨林 37833 亩。初步估算，因水库淹没直接减少林地约 13.1 万亩。由于淹没带的植被将直接被淹没，导致库区植被面积减少。在现场踏勘和资料收集的基础上，预测大坝加高蓄水后淹没植被类型以马尾松疏林、马尾松与栎类混交林、意杨林等植被为主。由于这些物种在丹江口库区淹没线以上或在库区其他相似生境中均有分布，不会因局部植被淹没而导致种群消失或灭迹，库区植物区系构成受影响不大。

大坝加高水库蓄水淹没以木本植物为主的类型有马尾松疏林、马尾松与栎类混交林、小果蔷薇灌丛、枸杞灌丛等；消落带的意杨林、沙兰杨林以及群众广为栽培的宽皮柑橘林、桂竹林、桑林等；以草本植物为主的植被类型主要有节节草群落、蓼群落、瓦松群落、斑茅群落、狗牙根群落、甜根子草群落、纤毛柳叶箬群落、牛鞭草群落、拟金茅群落、荻群落等。淹没的主要树种有湿地松、火炬松、柳树（垂柳、旱柳、龙爪柳）、榆树、刺槐、臭椿、楝、重阳木、黄连木、泡桐、竹子等，多为库区四周栽培。

丹江口水库加高蓄水后，高程 170m 以下现有的消落带植被将淹没，依赖于水流扩散的繁殖体以及周边的湿生物种源，将在水库淹没线区域内形成新的消落带湿地植被。淹没区内的大多数陆生植物难以适应新环境而迅速消亡，但通过水传播等物种迁移方式，以及区域内湿地植被的协同作用，新消落带将出现"乔（灌）—草"的逆向演替趋势，逐步形成以耐淹草本植物为主的湿地植被。此外，丹江口水库原有湿地植被淹没后，自然恢复需要一个较长的过程，在此期间存在着外来物种入侵的风险。

郝佳在《金沙江龙头水库建设对陆生植被生态系统多样性影响比较研究》中，对比了不同的坝址方案对陆生植被生态系统多样性的影响，研究结果如下：

（1）其宗上坝方案淹没高程 2150m 之上 100m 淹没区内各种特有植被类型的面积由 12374.79hm² 减少为 4698.66hm²，减少了 7676.13hm²。淹没区中国特有植被类型的面积由 7346.08hm² 减少为 2444.77hm²，减少了 4901.31hm²，该淹没区对中国特有植被造成严重影响；云南特有植被类型面积由 661.41hm² 减少为 241.66hm²，减少了 419.75hm²，该淹没区对云南特有植被造成严重影响；金沙江特有植被类型面积由 4367.3hm² 减少为 2012.23hm²，减少了 2355.07hm²，该淹没区对金沙江特有植被影响也为严重影响。

（2）其宗下坝方案淹没高程 2150m 之上 100m 淹没区内各种特有植被类型的面积由 15277.13hm² 减少为 6705.98hm²，减少了 8571.15hm²。淹没区中国特有植被类型的面积由 10091.48hm² 减少为 4389.76hm²，减少了 5701.72hm²，该淹没区对中国特有植被造成严重影响；云南特有植被类型面积由 816.67hm² 减少为 303.72hm²，减少了 512.95hm²，该淹没区对云南特有植被造成严重影响；金沙江特有植被类型面积由 4368.98hm² 减少为 2012.5hm²，减少了 2356.48hm²，该淹没区对金沙江特有植被影响也为严重影响。

（3）塔城方案淹没高程 2100m 之上 100m 淹没区内各种特有植被类型的面积由 13893.82hm² 减少为 7474.35hm²，减少了 6419.47hm²。淹没区中国特有植被类型的面积由 9731.44hm² 减少为 4921.90hm²，减少了 4809.54hm²，为较大影响；淹没区云南省级特有植被类型的面积由 796.18hm² 减少为 352.24hm²，减少了 441.94hm²，为严重影响，淹没区金沙江流域特有植被类型的面积由 3366.20hm² 减少为 2198.21hm²，减少了 1167.99hm²，为较大影响。

（4）龙盘低坝方案淹没高程 1950m 之上 100m 淹没区内特有植被类型的减幅达 40.81%。中国特有植被类型为清香木灌丛、华西小石积灌丛、云南松林，累计面积为 11272.94hm²，占特有植被类型总面积的 89.17%，累计减幅为 38.09%。其中，清香木灌丛的减幅为 53.70%，华西小石积灌丛的减幅为 61.59%，云南松林的减幅为 32.57%，省级特有的植被类型黄背栎林减幅为 61.45%，淹没区特有的植被类型箭竹林、牡荆灌丛累计减幅为 86.83%，减少得比较多。

（5）龙盘高坝方案淹没高程 2010m 之上 100m 范围内，被淹没的金沙江流域特有植被类型的总面积为 278.57hm²。水库蓄水淹没的苦刺花灌丛面积为 122.81hm²，占淹没面积的 0.34%，占淹没区同类植被类型面积的 13.70%；淹没的小鞍叶羊蹄甲灌丛面积为 21.03hm²；淹没的牡荆灌丛面积为 100.04hm²，占淹没面积的 0.27%，占淹没区同类植被类型面积的 32.56%；淹没的尖叶木樨榄林面积为 10.2hm²，占淹没面积的 0.03%，占淹没区同类植被类型面积的 27.89%；淹没的箭竹林面积为 24.49hm²，占淹没面积的 0.07%，占淹没区同类植被类型面积的 60.11%。

2.3.2　淹没区与自然消落带生物多样性变化

丹江口水库作为南水北调中线工程的水源地，是南水北调中线工程水源保护最为敏感的地区，其生态环境质量直接关系到华北地区的用水安全，而生物多样性是生态环境的重要指标和评价标准。南水北调中线工程的实施在一定程度上改变了库区的生态环境，并对生物多样性产生了一定的影响。包洪福研究了南水北调工程实施后丹江口水库水位提升对库区生物多样性影响，并对陆生生物的影响进行了预测分析。

2.3.2.1　两栖类和爬行类的多样性变化

丹江口水库水位上升至 170m 后，两栖类和爬行类栖息地面积和生境类型减少，主要表现为：水库水位上升后，栖息在库区周边林地或山间小溪中的两栖类和爬行类动物的生境将有一部分被淹没。为了寻找适宜的栖息地，动物会上迁，由于上迁受到海拔高度、饵料、栖息生境多样性等多种因素限制，可能会对生物的生存产生不利影响。以国家重点保护动物大鲵为例，大鲵可生活在高程 100～1200m 的范围内，多生活在水质清澈、水温较低、深潭较多的溪流中。水库蓄水后，水面将抬升 13m 左右，河流受回水的影响，水流将减缓，很多河段会变成静水，导致水体自净能力减弱，水质下降，水透明度降低，大鲵的生存环境被破坏，于是大鲵被迫上迁。在地势较陡的地区，大鲵仍可以找到水质较清、水流急促的溪流环境，但在坡地较缓的地区，需要上迁很远才能找到流动的溪流，而这些地区库周以农田居多，大鲵很难找到石缝裂隙和岩石孔洞等栖身之处，加之这些地区人类活动较多，威胁了大鲵的生存。其他爬行类和两栖类也存在类似问题，但由于库区周边生境多样，面积广阔，这些动物上迁后一般可以找到适宜的生存环境，其数量经过短暂的波动后会很快恢复原状。

2.3.2.2　鸟类的多样性变化

在丹江口水库边缘水域及沿江河谷带（高程157～170m）范围内的鸟类主要为游禽和涉禽，如鸬鹚、苍鹭、豆雁、灰鹤等。水库蓄水后，库岸线增长，水位上升导致水域面积变大，但丹江口坝址上游多为陡峭的山体，水域面积变大后并未形成滩涂，滩涂面积变小导致在浅水区域活动的涉禽类种群数量减少。游禽喜欢生活在水流较缓、水域面积较大的区域，因此这个区域内游禽的种类和数量均增多。蓄水初期，在栽培植物带（高程170～500m）范围内大面积耕地被淹没，使得农田鸟类种群数量减少，但鸟类迁移能力强，适应能力强，周边区域相似生境较多，仅改变了鸟类种群数量以及分布范围，不改变种群结构。从监测结果来看，此区域内的鸟类种类、数量仍较多。

2.3.2.3　兽类的多样性变化

（1）丹江口水库淹没区域（高程157～170m）。此区域为170m以下的水库边缘地带，栖息于这一带的野生兽类多为喜水的动物，包括国家Ⅱ级保护动物穿山甲、水獭。水库水位提高后，该区域将全部被淹没，这些动物被迫迁移寻找新的栖息地。穿山甲的活动范围较广，能够适应的海拔高度范围较宽，而且其主要食物白蚁生长地域比较广阔，因此，水库淹没穿山甲的栖息地后，穿山甲会上迁，其生存基本不会受到新栖息地的海拔高度、生境及食物来源的限制，因此水库的淹没对其影响较小。水库水位上涨后，水獭上迁，由于上迁距离不大，相似生境比较容易找到，而且水库水面扩大，水文情势改变后，急流性鱼类逐渐被静水性鱼类取代，水獭的食物来源不会短缺，因此，水库淹没对水獭的不利影响主要在淹没初期。

（2）丹江口淹没线周边区域（高程170m以上）。淹没线周边区域主要包括库区周边所有高程大于170m、且位于第一山脊线下的地域。这个区域内的生态系统类型多样，包括农田、草地、林地、裸地等，因此动物种类非常丰富。水库蓄水将淹没土地322.75km²，其中，林地87.33km²，草地82.38km²、农用地134.62km²，如此大面积的植被被淹，必然会减少周围野生动物的栖息地范围，从而可能会对其生存产生影响。受到影响最明显的应该是该区域的敏感动物——大型兽类（如豹、黑熊等），其他小型兽类所需栖息地的面积较小，所受影响不大。

第 3 章

水库消落带开发利用模式与生态修复技术

3.1 水库消落带开发利用模式

自从三峡水库消落带的问题被广泛关注后，不少国内学者和相关工作者都在积极探索风险小、投资少、可操作性强、收益高且稳定的水库消落带开发利用模式。水库消落带土地出露具有随机性、周期性和风险性等特点，它的开发利用必须遵循"在开发中保护，在保护中开发"的原则。首先要考虑的就是生态问题，也就是说对水库消落带的开发利用不能造成水库水质恶化、影响水库本身效益的实现等；其次要考虑的是经济问题，在对水库消落带开发利用的过程中，做到经济效益最大化；第三就是社会效益问题，例如是否可以结合精准扶贫，解决一部分水库周边的劳动力就业问题等。在实现生态效益、经济效益、社会效益有机统一的前提下，因地制宜地选取合适的利用方式，促进土地资源和"消落带经济区"的健康发展。

目前对水库消落带的开发利用模式主要有以下几种。

3.1.1 农业生产

水库消落带的农业生产利用模式具有特殊性，它因水库所在地、水库类型、水库调度运行方案的不同而不同，且差异较大。适合在水库消落带进行的农业生产主要是种植业及以农作物栽培为主的产业。有学者从利用范围、利用时段、具体的利用方式等方面对水库消落带的农业利用模式进行了详细的论述和实践。

（1）利用范围。利用消落带进行农业生产的方式主要是：在水库的正常蓄水位及其以上区域，以旱作为主；当在正常蓄水位以下进行农业生产时，为减小风险，要选择耐水、耐淹的作物；在水库正常蓄水位附近进行农业生产时，由于水库水位变化的随机性，作物失收的可能性大，这一块区域如何利用还需要进行更深入的研究。

（2）利用时段。以三峡水库为例，在高程147～155m的地带，形成陆地时期是6—9月，可利用的时间约为120d，被淹没的时间最长，约达8个月。由于海拔较低，又容易遭受夏季汛期洪水的短期淹没，利用风险较大，所以选择短季植物、湿生植物、水生植物、蔬菜种植。在高程155～170m的地带，形成陆地时期是5—10月，可利用时间约180d，基本能保证大春作物的时间需求。可选择生长期为180d左右的作物进行种植。如玉米生长期在100～120d之间，在消落带的中、上部，都可以种植玉米。而在高程大于170m的地带，消落的时间早，回升的时间晚，2—10月均为陆地，出露时间达270d，保证利用率最高，完全能满足大春作物的生长期需求。3月、4月大春作物开始播种，8月、9月进入作物收割期，所以在此消落带可种植大春作物。

（3）具体的利用方式。虽然说在库区周边的农户自发种植一些技术简单、可行性强且有人工培育的品种能够取得较好的经济效益，但是这些农作物具有很大的局限性：有的不耐干旱，不能适应水深变化大的消落带导致的干湿交替频繁的生态环境；只能生长在2m以下的浅水区域，不能适应大水深环境。目前，还未发现一种既能够适应大幅度的水位变化且耐淹、耐旱的农作物，攻克这一难题成为今后工作中值得关注的一个方面。水库调度运用的方式决定了水库消落带的土地出露时间和范围，由此也限制了人们对消落带的利用。在现有的条件下，有学者通过水文计算和模拟水库调度来确定水库消落带不同高程的土地利用方式，以此来提高消落带的土地利用率。

3.1.2　渔业生产

利用水库消落带进行渔业生产的方式早就为人们所关注，并且主要是从可行性和具体的养殖模式等方面进行研究和实践，目前已有较为成功的经验。可行性主要是指研究水库消落带的渔业环境特点，进而确定适合进行渔业养殖的区域。一般来说，渔业的发展需要较大面积的消落带，这种区域一般存在于水库的中上游，因为这些地方往往地形高差变化不大，且受到的污染较少，如三峡水库的重庆库区就是如此。养殖模式主要包括：坝拦、网拦或两者相结合的模式。

坝拦养殖模式主要是在消落带（一般是处于高处的消落带）选择一片地形和水深都满足条件的区域，利用条石等材料修建不同高度的堆石坝或土坝，形成一个稳定、适宜的鱼类成长的局部环境：在水库涨水时能够有效控制水体交换，在水库退水时能够保水。这一模式要考虑以下问题：首先是坝址的选择问题。坝址的选择直接决定投资的风险性，所以应该谨慎。一般来说，坝拦养殖模式的建坝地址多选择在入口窄、腹地宽、底质平、库周集水面积较小的库湾消落带。其次是建坝标准的确定。目前国内大型水库坝拦库湾一般水深为 2～5m，坝高多在 10m 以内；坝基高于水库正常低水位，坝顶高程超过水库正常高水位 1～2m。

有些消落带的库湾是"不可干"型的，即库湾中常年有水；有些库湾是"可干"型的，即在水库低水位时形成一块干涸的陆地。网拦养殖模式一般选择在"可干"型消落带库湾，在涨水之前布置拦网（网格的大小由所养的鱼类品种决定），涨水时阻拦鱼类外逃。这种模式结构简单、易施工，还可以充分利用消落带在"陆地时期"成长起来的草料，是一种性价比较高的养殖模式。

坝网结合的养殖模式是在消落带高程较低的地方建筑土坝、石坝，坝上再设置拦网以形成相对封闭的养殖区域。这种模式适用于没有额外水源补充，但又能被水库常年淹没、深度较大的消落带区域。

早在 20 世纪末，丹江口水库就进行了拦库湾（汊）养殖。1992 年，丹江口库区就通过土拦库湾、石拦库湾、网拦库湾、坝网结合拦库湾以及砂坝拦库湾等方式拦库湾近 50 余处，总面积为 1340hm²。同一时期，江苏省也在水库消落带进行了渔业生产，选择湾口小、腹地大，面积为 5～10hm² 的可干型库湾拦坝养鱼，工程投资少，具有水体溶氧丰富、水质好的优势，且易推广集约化养鱼技术。这种生产方式使得只占全省水库养鱼水面 0.52% 的坝拦库湾，生产出占全省水库养鱼总产量 9.97% 的鲜鱼。坝拦库湾的"弃水"入大库，有利于大库鱼类生长。由于"弃水"量有限，对大库水质无明显的不良影响，大库水质符合《地表水环境质量标准》（GB 3838—2002）中饮用水 Ⅰ 类和 Ⅱ 类的水质标准。

在水库消落带进行土拦库湾养鱼也有诸多难点。例如，新安江水库土拦库湾养鱼，由于土拦库湾地貌复杂，库水又不能排干，多品种鱼类的捕捞和分离技术一直没有解决。库湾鱼种产量低、效益不明显，大量的自然资源没有得到利用，库湾的潜力没有发挥出来。由于养殖单一的鲢、鳙鱼种，许多库湾在后塘浅水区都生长着大量的水生植物（如轮叶黑藻、聚草和青苔等），水生植物与浮游植物争夺肥料，降低浮游植物的生长、繁殖速度，水质很难培养，从而严重影响鲢、鳙鱼种的生长，增加肥料开支，鱼种规格不匀，合格率低，产量低，肥料成本大，经济效益差。后来，人们在生产实践中发现，库湾混养一定数量的草鱼种，不仅能增加鱼种产量，增加收入，经济效益显著，而且还能有效地消灭水生植物，杜绝水生植物与浮游植物争夺肥料，有利于库湾水质培养，从而促进鲢、鳙生长，提高鲢、鳙产量。草鱼种摄食水生植物后的排泄物又可肥水，减小肥料成本开支。

总之，利用水库消落带进行渔业生产，会遇到诸如水环境恶化等问题，但是只要结合自身实际情况，找准问题对症下药，水库消落带的渔业利用模式还是能够较好地发挥经济效益和社会效益。

3.1.3　林业利用

虽然可以利用水库消落带发展农业，但是在种植农作物的过程中需要进行整地、播种以及大量的管理活动，还有农药和化肥的使用等一系列人类活动，加上库水的涨落，除了会对水库消落带土地肥力产生不良后果之外，也势必会对水库的水质及水库的运营（如造成水库淤积）等方面产生负面的影响。

库区一般水土流失较多，库岸冲刷崩塌现象比较严重。据统计，全球水库总库容约为 7000km³。大坝在 20 世纪 60—70 年代发展迅速，此后又开始变缓。库容占比较高的有北美、南美、北欧和中国，其库容总和占全球水库总库容的 70%，但水库淤积导致水库库容损失严重，每年库容损失占水库总库容的 0.5%～1%，折合水库库容 45km³，相当于每年需要 130 亿美元造 300 座大水库才能弥补这些库容的损失。在我国，水利部直接管理的 20 座水库 20 世纪 80 年代的观测资料显示，多数水库运行不足 20 年，总淤积量已达 77.85 亿 m³ 以上，占原设计库容的 18.6%。喻蔚然和罗梓茗对江西省水库淤积现状的调查显示，江西省大中型、小（1）型和小（2）型水库总淤积量占有效库容的比例分别为 4.70%、7.66% 和 8.03%，全省的平均占比为 5.97%。小型水库淤积程度大于大中型水库，而小（2）型水库淤积的比例则略高于小（1）型水库。总淤积量占有效库容比例为 20% 以下的水库总数达到 9227 座，其中，10% 以下的水库高达 7135 座，表明江西省的绝大多数水库只是处于轻度淤积的状况，但是有 398 座水库的淤积呈现快速增长的态势，占调查水库总数的 3.8%，其中小型水库占了其中的绝大多数。8845 座水库淤积状况仍在缓慢发展之中，仅有 1148 座水库淤积基本稳定。可见，水库淤积随着时间仍会逐年增加。调查表明，江西省水库淤积的主要因素是水土流失严重，一方面，自然因素（如地形条件、地质条件）造成水土流失。江西省境内地形地貌复杂多样，山地、丘陵面积约占全省国土总面积的 78%，且山地坡度较大，如赣南地区坡度 16° 以上的山地面积占 75% 以上，这种特殊的地形特征强化了地表径流对土壤的冲刷作用，促进了水土流失的发生发展。红壤土是江西分布范围最广、面积最大的地带性土壤，结构松散，酸性大，黏性强，土壤孔隙度小，透水性差，易产生水土流失。另一方面，人类经济活动加剧水库淤积。乱砍滥伐和陡坡开荒使库区山坡及森林（特别是天然阔叶林、地表植被）遭到破坏，城镇开发也对原地貌、土地和植被产生扰动与破坏。

水库淤积会带来大量的负面影响：在工程安全方面不仅会降低水库的防洪标准，而且会影响水库建筑物及附属设施的安全运行；在工程效益方面会缩短水库的寿命,加重供水危机,从而会降低水库的效益;在生态环境方面,淤积会导致水库的水位抬高,库区淹没范围进一步扩大,加剧库区周围土地的盐碱化,从而影响库区附近居民的生产和生活条件。解决水库的泥沙淤积问题是一个系统工程,包括"拦、排、清、用"四个方面,具体来说就是减少泥沙入库、水库排沙减淤、水库清淤以及出库泥沙的有效利用。

水库的淤积物主要来自水库上游和水库周边,在水库消落带进行大密度植树,可以很大程度地减小水浪对库岸的冲击,并阻止泥沙进入水库,有效减小水库淤积,延长水库的使用寿命。有试验表明,林地的泥沙流失量仅为 $50kg/hm^2$,而无林地时泥沙流失量则高达 $2200kg/hm^2$。刘世海等对官厅水库流域水土保持拦沙量的调查结果显示,林地的拦沙量占梯田、坝滩地、草地等 6 种水土保持措施拦沙总量的 62%。因此,水库消落带的林业利用模式成为人们研究和实践的一个重点方向,其中一个重要内容就是确定树种。江刘其等早在20 世纪 80 年代就在新安江水库消落带开展了种植挺水树木林的试验。试验结果表明:池杉、落羽杉、垂柳在水淹 240d 以内时,造林当年的成活率不受影响;整株淹没 200d 时仍能生存,垂柳整株淹没后成活率下降,而池杉和落羽杉的成活率不受影响。水淹时间达到 200d 时,池杉和落羽杉的生长量受影响,而水淹 75d 时生长正常,与对照组没有显著差异。挺水树林的根系,增强了湖岸抗浪蚀的能力,改善了沿岸地带的生态环境,为水生动物提供了良好的栖息场所。枯枝落叶为湖泊的生物群落提供了有机质,为浮游生物提供了饵料,对湖泊生产力有一定的贡献。消落带林带还为鲤鱼、鲫鱼、鳊鱼等经济鱼类提供了良好天然产卵繁殖的场所,所以在水库消落带进行林业利用具有可行性。

另外,在水库消落带造林还有其他诸多优点:水库消落带中很大一部分区域土壤肥沃,像建库时淹没的河滩地、农田等本身就是肥沃的地方,加上水库蓄水后水中微粒物质的沉积增强了土壤的肥力,是绝佳的造林之地;在消落带造林,灌溉还很方便,在干旱的年份也能够很方便地取水,从而保证树木的成活率。

在水库消落带造林,特别是经济林,还可以助力精准扶贫,解决库区附近部分劳动力的就业问题,直接促进附近农民增收。例如池杉、落羽杉、枫杨、意杨、香椿、乌桕树种就具有很多优良的特性。池杉木材纹理通直,结构细致,具有丝绳光泽,不翘不裂,工艺性能良好,是造船、建筑、枕木、家具的良好用材;由于韧性强、耐冲击,也可作为制作弯曲木和运动器材的原料。落羽杉木材材质轻软,纹理细致,易于加工,耐腐蚀,可作为建筑、杆、船舶、家具等用材;其种子是鸟雀、松鼠等野生动物喜食的饲料,因此对维护区域自然生物链以及水土保持、涵养水源等均起到很好的作用。枫杨木材轻软,不易翘裂，但不耐腐蚀，可制作箱板、家具、火柴杆等，树皮富含纤维，可用以制作上等绳索；枫杨的叶子有毒，可用以制作农药杀虫剂；枫杨苗木可作为嫁接胡桃的砧木；树皮和枝皮含鞣质，可提取栲胶，也可作为纤维原料；果实可作饲料和酿酒，种子还可榨油；加工容易，易翘曲，胶接、着色、油漆均好。意杨是喜光、喜水、喜肥的树种，在光照水肥比较充足的情况下，生长十分迅速，7～10 年可以成材，7 年生树高可达 22～25m，平均胸径为 30～32cm，单株体积可达到 0.4～0.6m³，种植杨树大径材，平均 10 年为一个轮伐期，年均亩产木材 1.7m³。香椿木材黄褐色而具红色环带，纹理美丽，质坚硬，有光泽，耐腐力强，不翘，不裂，不易变形，易施工，是家具、室内装饰品及造船的优良木材，素有"中国桃花心木"之美誉；树皮可造纸，果和皮可入药，还可作为蔬菜栽植，价值很高。乌桕以根皮、树皮、叶入药，根皮及树皮四季可采，切片晒干；叶多鲜用，杀虫，解毒，用于血吸虫病，肝硬化腹水，毒蛇咬伤；外用治疗跌打损伤、湿疹、皮炎；乌桕具有经济和园艺价值，种子外被之蜡质称为"柏蜡"，可提制"皮油"，供制高级香皂、蜡纸、蜡烛等；种仁榨取的油称"柏油"或"青油"，供油漆、油墨等用，假种皮为制蜡烛和肥皂的原料，经济价值极高，其木也是优良木材。总之，在水库消落带造林能带来十分明显的经济效益。

在水库消落带进行林业利用，还可以使水库消落带成为一条"生态带"，给水库带来良好的生态效益：造林可以吸引鸟类定居，鸟粪可以肥水养鱼，形成树—鸟—鱼的生态系统；种植芦苇、水生植物，可以净化水库水质，减轻面源污染。

3.1.4 旅游开发

改革开放 40 年，旅游业见证了国人生活品质的不断提升。国家统计局数据显示，2016 年，我国旅游及相关产业增加值达 32979 亿元，名义增长 9.9%，比同期 GDP 现价增速高 2.0 个百分点，占 GDP 的比重为 4.4%。2017 年，我国国内游客达 50 亿人次，比 1994 年增长了 8.5 倍；入境游客达 1.4 亿人次，比 1978 年增长了 76.1 倍；国内旅游总收入和国际旅游收入分别为 45661 亿元人民币和 1234 亿美元，比 1994 年增长了 43.6 倍和 15.9 倍。人们对旅游资源要求越来越高，出国旅游成为新时尚。1994 年，我国居民因私出境占居民出境总人数的比例尚不足 50%；2017 年，因私出境居民达 1.36 亿人次，占出境人数的比例超过 95%，旅游服务进口额在服务贸易进口总额中占比过半，达到 2548 亿美元。进入新时代，我国社会主要矛盾已经转化为人民日益增长的美好生活需要和不平衡不充分的发展之间的矛盾。对水库消落带进行旅游开发，不仅有益于保护绿水青山，更能为广大人民群众提供更优质的服务。以重庆为例，三峡可谓是重庆现代旅游的始点，也是中国改革开放后首批推向世界的景区之一。据《重庆日报》报道，2018 年 1—9 月，长江三峡区域共接待游客约 1.7 亿人次，实现旅游总收入 1345.7 亿元，同比增长均超过 20%。三峡游正逐步由一线游向一片游、深度游升级转变。三峡旅游开发可以说是践行"绿水青山就是金山银山"理念的一个样板。作为三峡旅游的景观廊道、生态屏障和交通航线，三峡库区的消落带发挥着至关重要的作用。

我国水库的功能主要是防洪、灌溉、发电，很多水库并没有旅游功能的设计，但是水库消落带有着得天独厚的旅游资源：首先是巨大的水面资源。以江西为例，全省共有大型水库 25 座，中型水库 238 座，庐山西海的水域面积达到 308km² 。这些水面都是开展水上旅游项目的绝佳场地。其次是岛屿资源。这些岛屿原本是在水库中的小山，水库蓄水后淹没了山脚部分甚至是全部淹没，在枯水期时又露出上半部分。库岛一般土层薄，肥力较差，但水、气、光、热和灌溉条件优越，库岛消落带土地有较好的开发潜力。随着旅游业的兴起，水利部在 2010 年成立了水利风景区建设与管理领导小组，截至 2014 年 9 月 16 日，全国共有 658 处国家级水利风景区。江西省目前拥有庐山西海、井冈湖、赣江源等 32 处国家级水利风景区。

与此同时，水库消落带也会给旅游业的开发带来诸多难题。以三峡水库为例，在水库蓄水后，消落带上的部分景点会被淹没。据统计，在三峡水库正常蓄水后，现有的 108 处定级保护的文物古迹将有 39 处涉及淹没，其中全淹没有 25 处，半淹没 14 处，这无疑将对三峡库区旅游资源的完整性造成影响。水库消落带坡面上的植被和土壤被破坏后，成库前适合生长的陆生植物将消失，而适应水生环境的物种又因消落带的季节性出露水面而成活率低，导致消落带旅游生态结构简单化、多样性下降；消落带残留的农药和化肥等污染物的沉积，易形成岸边污染带并滋生各种病原体、致病菌，尤其是在消落带区域的码头等地，若是夏季高温天气，加上人流密集，会给游客和景区工作人员带来很大的健康威胁。另外，三峡地区在历史上一直是地质灾害的高发区，根据《长江三峡工程库岸稳定性研究》可知，三峡地区共有体积大于 10 万 m³ 的崩塌滑坡 404 处，总体积为 29.36 亿 m³，泥石流沟 90 条。根据《长江三峡工程库区淹没处理及移民安置崩滑体处理总体规划报告》可知，三峡库区水位 175m 以下崩滑体有 1302 处，总体积为 33.34 亿 m³，其中规划为工程防治的有 30 个崩滑体。2000—2001 年，国土资源部完成了对三峡库区的地质灾害调查，查到了库区 22 个县（市、区）所辖范围内（包括三峡库区）地质灾害点 5384 处，以滑坡、崩塌、泥石流为主，其中滑坡 3891 处，崩塌（含危岩）17 处、不稳定斜坡 668 处，泥石流沟 85 处，地面塌陷 88 处，地裂缝

33 条；再加上消落带经过高水位的持续浸泡和水流的不断冲刷，给旅游的安全管理带来了很大的不确定性，从而增加了利用水库消落带进行旅游开发的风险性。所以，水库消落带的地质灾害治理对利用水库消落带进行旅游开发显得尤为重要。

综上所述，水库消落带的开发利用方式主要有发展农业、渔业、林业和旅游业，每种利用方式都有相应的条件和优劣，具体到每个水库对消落带的利用时，应该根据自身所处的地理环境、水库水质要求、供水要求、技术难易程度等条件确定最合适的利用方案。总的来说，水库消落带的利用方式都不受地质条件的限制，其中，农业和渔业的利用方式对水质会有一定的影响，发展旅游也有可能给水质及人类健康带来风险，发展林业则不会对水库的水质造成不良的后果。另外，利用水库消落带发展农业时，管理难度较小，同时收益的风险性也更高；发展渔业时，管理难度较大，但是综合效益较高；林业和旅游业的利用模式在管理难度和综合效益方面都介于农业和渔业之间。消落带是水生生态系统和陆地生态系统交替控制的不稳定过渡地带，是一类特殊的湿地生态系统区域，是库区泥沙、有机物、化肥和农药进入水库的最后一道屏障，加上频繁的人类活动，消落带已成为库区生态环境十分脆弱的地带。为此，在选择开发模式和利用方式时，应充分考虑到消落带的这些特性，以实现消落带土地资源的可持续利用。

3.2　水库消落带生态修复技术

生态是指生物圈（动物、植物和微生物等）及其周围环境系统的总称。生态系统是一个复杂的系统，由大量的物种构成，它们直接或间接地连接在一起，形成一个复杂的生态网络，其复杂性是指生态系统结构和功能的多样性、自组织性及有序性。

生态恢复是指停止人为干扰，解除生态系统所承受的超负荷压力，依靠生态本身的自动适应、自组织和自调控能力，按生态系统自身规律演替，通过其休养生息的漫长过程，使生态系统向自然状态演化。恢复原有生态的功能和演变规律，完全可以依靠大自然本身的推进过程。

为了加速已被破坏生态系统的恢复，还可以辅助人工措施为生态系统健康运转服务，而加快恢复则被称为生态修复。生态修复与生态恢复是有区别的，更不同于生态重建。生态修复的提出，就是要调整生态重建思路，厘清人与自然的关系，以自然演化为主，进行人为引导，加速自然演替过程，遏止生态系统的进一步退化，加速恢复地表植被覆盖，防止水土流失。生态修复的含义远远超出以保持水土为目的种树，也不仅仅是种植多样的、多层次的当地植物。生态修复是试图重新创造、引导或加速河流生态系统的自然演化过程。人类没有能力去恢复出真的天然系统，但是可以帮助自然，提供基本的条件，然后让它自然演化，最后实现恢复。因此生态修复的目标不是要种植尽可能多的物种，而是创造良好的条件，促进一个群落发展成为完整的生态系统。

生态重建是对被破坏的生态系统进行规划、设计，建设生态工程，加强生态系统管理，维护和恢复其健康，创建和谐、高效的可持续发展环境。

3.2.1　水库消落带可能出现的生态问题

（1）水土流失。水库消落带很多是原来的农耕地，其表层土质疏松，植被覆盖率较低，人类活动频繁，土壤的稳定性较差。当水位升高时，土体在水长时间的侵蚀、剥离、冲刷等作用下，土壤将大量流失，不仅减小水库的有效库容量，而且可能造成岸坡坍塌、山体滑坡等地质灾害，从而影响水库的正常运行。从余敏芬等对千岛湖消落带土壤氮素影响的数值模型分析结果可知：水蚀作用对千岛湖消落带土壤中全氮和碱解氮流失的贡献分别为80.13万t和10.95万t；硝态氮在消落带综合富积量为913.39t。千岛湖案例的分析说明，消落带水土流失较为严重，需要加强对消落带区域的生态环境保护及治理。

（2）面源污染。库区由于缺乏人工消落带固有植被群落的拦截和吸收，生活垃圾和残留的化肥、农药、农作物残体及其他固体废弃物直接进入水库水体，造成水质污染。由于库区水流速度减慢，水库中的一些污染物在风浪及水体的作用下向两岸消落带移动，水体中的部分垃圾进入消落带。水库在低水位运行时，土壤侵蚀携带的化肥、农药残留物、库区两岸产生的生活污水等都将沉淀在消落带，对库区水质来说，是一个具有较大威胁的污染带。据统计，1999—2013年千岛湖共打捞湖面垃圾90余万m^3，数量巨大的污染物，也为病菌的生长提供了温床。消落带湿地的生态环境还直接关系到沿岸城乡的社会经济发展和数千万人口的生活健康。

（3）破坏生物多样性。由于长期处于库水位的周期变化中，消落带由原来的陆地生态系统演变为季节性湿地系统，消落带以前的生物将因不能适应而逐步消失，从而导致大多数消落带表面裸露，水土流失严重，严重影响库区的生态环境。

3.2.2　水库消落带生态修复的阶段划分

受损消落带修复的核心并不是简单地使消落带恢复到原始状态，而是使原消落带区域受损功能恢复到接近期望的理想状态，使消落带生态系统恢复健康，进而在遵循消落带自身发展规律的条件下持续满足人类社会发展的需要。然而，消落带生态修复不能脱离人类和消落带关系的发展阶段，在原始自然阶段、工程控制阶段、污染治理阶段和生态修复阶段等不同阶段，消落带治理与修复的理念和任务有很大不同。

（1）原始自然阶段作为人类与原水库消落带区域（即未建水库时）关系的最初阶段虽未因人类活动受损，但对于水库消落带历史而言，这一阶段忠实地记录了消落带生态系统追求动态"平衡"的轨迹，从而为生态修复研究留下了宝贵的参照体系。

（2）工程控制阶段标志着更多的水库功能为人类所认识和开发。人类从被动转为主动地利用水库的功能，水库的供水功能、发电功能得到扩展。在该阶段，大坝、水库对自然水体的拦蓄，造成了原水库消落带植被和生物多样性减少等诸多生态问题。

（3）水库消落带污染治理阶段的重要标志是消落带生态功能的严重破坏，并直接影响到消落带生态系统的健康和存亡。

（4）水库消落带系统生态修复阶段标志着人类对消落带认识的飞跃。在饱尝水库消落带给生态带来的诸多不良后果后，如何持续维护健康的水库生态已成为当前重要的治理理念。

3.2.3　生态修复需遵循的原则

（1）树立生态环保意识，合理地规划与管理。目前，我国已建水库的消落带土地，多是由当地农民凭经验进行种植，有则收，无则弃。土地利用的自发性、盲目性与随意性，不但使土地利用与当地社会经济发展不协调，而且导致对消落带生态环境的保护被忽视，这不仅不利于水库效益的充分发挥，还会对水库消落带的生态带来破坏。所以，对水库消落带的土地利用应该进行统一、合理的规划，首先是要对水库消落带的现状进行调查研究，包括环境背景值和生态承载力研究等，然后对已经受损的水库消落带进行生态修复。

（2）自然为主原则。自然为主原则是生态修复的基本原则。利用水库消落带生态系统的自我调节能力，因势利导地采取人为措施，使水库消落带系统朝着自然和健康的方向发展，最大限度地构造人类和水库融洽和谐的环境。自然循环受到众多条件的约束，如土地利用、气候、污染特征、地质地貌、植被条件、城市规划、人口社会、产业结构和管理机制等，全面综合考虑这些因素方可查明水库消落带生态受损的程度和原因，并据此明确消落带治理修复的阶段和相应的措施。

（3）综合效益最大化原则。水库消落带生态系统的复杂性决定了最终修复结果和演替方向的不确定性，使水库消落带生态修复具有周期长、风险大、投资高的特点。因此，需要从水库整体出发进行分析，将近期利益与远期利益相结合，通过费用效益分析对现有货币条件下的费用、效益进行比较，根据水库消落带所处的治理修复阶段提出河流修复的最佳方案，获得最大的消落带修复成效，实现社会效益、经济效益和生态环境效益的最大化。

（4）生物多样性原则。生物多样性是水库消落带生态系统平衡、健康的基础。水库消落带生态修复应该遵循生态学中的生物多样性原则，在防止生物入侵的前提下，引入本土生物，构建生境廊道，保护和增加消落带生态系统的生物多样性。

（5）分时间段考虑原则。在不同的时间尺度或不同时段，水库消落带生态系统会因外部条件改变或各项功能主导作用的交替变化而具有不同的动态变化特征。从较长的时段来看，消落带系统功能的生态修复不可毕其功于一役，要有久久为功的心态。对于受损程度不同、约束条件不同的消落带，应该根据实际情况合理地规划治理修复进程，明确当前所处的修复阶段。从每一具体阶段来看，应明确该阶段的治理修复目标，采取恰当的修复措施。对于重度污染且承担灌溉或供水功能的水库，首要任务是污染控制和水质改善，然后才是按照更高的修复目标进行生态修复。

（6）分高程、坡度细化原则。不同高程和坡度的水库消落带土壤条件和地质条件等存在很大差异，而且不同高程和坡度的功能受损程度也不尽相同。因此，应该按照分高程、坡度细化原则选择不同的手段对消落带进行生态修复，做到局部细化与整体优化相结合，以达到满意的修复效果。对处于不同治理阶段的消落带采取不同的措施。

（7）功能性需求原则。水库消落带系统的健康依赖于消落带各项功能的满足。为了科学评估水库消落带的主要功能状况，需要制定合理表述各项功能的指标体系，明确各项指标对应平衡状态的标准，建立基于功能需求的受损消落带修复评价体系。

（8）主要目标优先原则。水库系统的各项功能根据阶段的不同其重要程度有所不同。例如，对于一些经济发展迅速、开发过度、污染问题突出的地区，需要优先恢复其自净功能；对于经济发达但污染问题不突出的地区，可以优先考虑满足生态功能的需求，改善水库消落带生态系统结构和功能；当各项功能不能同时满足时，可以优先考虑水库的主要目标，并依此来确定相应的功能指标。

（9）景观美化原则。水库生态修复的结果应该带给人们美好的享受。因此，生态修复应按照景观生态学原理，增加景观异质性，保留原消落带的自然形态，利用植物以及其他自然材料构造消落带景观。

（10）利益相关者有效参与原则。水库消落带生态修复需要得到大众的接受、认同和支持。因此，在整个消落带修复的过程中都应贯穿利益相关者有效参与的原则，最大限度地反映不同利益相关者的需求，从而使各方利益得以有效协调，使生态修复计划得以顺利实施，使水库消落带生态系统得以健康维护。

3.2.4　水库消落带的生态修复技术

现有水库消落带的生态修复技术包括植草岸坡技术、三维植被网岸坡技术、防护林护岸技术、工程措施技术、其他生态修复模式等。

（1）植草岸坡技术。具有发达根系的植物有很好的水土保持效果，既可以做到防止水土流失，又可以满足生态环境的需要，还可以进行景观造景。如吉林省采用以当地的牛毛草、翦股颖等 8 种草本植物为护坡植物，河柳等为迎水坡脚防浪林的植物护坡技术，河道岸坡的生态修复取得了良好的效果。

（2）三维植被网岸坡技术。它主要是利用植物在岸坡构建一个复杂的活性防护系统，通过多层次植物生长对岸坡进行加固的一种岸坡生态修复技术。岸坡使用该技术后，随着其植被覆盖率和长势的提高，承受雨水的冲刷能力随之提高。例如，植物生长旺盛时，能抵抗冲刷的径流流速达 6m/s，为一般草皮的 2 倍；岸坡植被覆盖率达到 30% 以上时，能承受小雨的冲刷；覆盖率达 80% 以上时能承受暴雨的冲刷。

（3）防护林护岸技术。在河岸带种植树木，形成河岸防护林，当洪水经过河岸防护林区时，在防护林的阻滞作用下，流速大为减慢，减小了水流对土表的冲刷，减少了土壤流失。河岸防护林既起到了固土护岸作用，又提高了河岸土壤肥力，改善了生态环境。

（4）工程措施技术。例如，重庆开县的水位调节坝是为了解决三峡库区开县消落带生态环境问题的而建设的一项水利工程，该工程由水位调节坝和库区生态建设工程组成。水位调节坝位于新城下游 4.5km 处的丰乐街道办事处乌杨村二组，由大坝和副坝组成，目前调节坝工程已经全部完工，并被逐步修建成了一个集供需水和艺术绿化为一体的旅游工程，工程完工后成为汉丰湖的核心景观，能满足人们观光旅游的需要，成为开县新的旅游亮点。郑楠炯等以高州水库为例，对华南地区水库消落带进行生态治理研究，提出"桩-土-植被一体化"梯度治理方案：采用轻小群排桩护岸，截排水沟组织排水，阻隔波浪和径流侵蚀；抽取库尾淤泥回填桩后坡面形成梯级平台；种植和培育适应周期性浸、晒的两栖乡土植物。方案具有适应地形、施工便捷、维护简易、清库扩容、护岸固土、改善生态和美化环境等经济实用高效的综合治理效果，预期可以在华南地区其他水库推广应用。

（5）其他生态修复模式。例如，刘金珍等采用 GIS 技术，根据高程、坡度、土壤类型等环境特征，将乌东德水库坝前段消落带分为 18 种生态类型，并完成了高程图、坡度图和土壤类型图，建立了环境特征和消落带类型的直观联系；然后根据不同的生态类型，提出了耐淹乔灌草植被恢复模式、耐淹灌草植被恢复模式、耐淹草本植被恢复模式和保留模式 4 种生态修复模式，并选择了 10 种植物作为生态修复物种，为其他水库消落带生态修复提供了参考依据。饶丽等根据三峡库区调度方案，在介绍三峡库区消落带概况的基础上，分析消落带所引发的生态环境危害，调查研究消落带自然修复、植被恢复试验和消落带治理实践，最后提出提高研发水平、分区治理修复、制定法律法规、建立生态补偿机制等措施。张永祥对适应水库消落带植物种类进行了筛选，选出了根系发达、生长势强、耐旱耐瘠、耐水淹的品种，并在广西青狮潭水库进行了试验，取得了较好的成果。

对于水库消落带的生态修复，不仅要看到水库消落带生态系统的退化所带来的种种问题，更重要的是要思考在"后工程时代"如何去解决问题。目前对于水库消落带生态修复的研究，在全国范围内还是有很大的差异，相比于三峡水库等大型水利工程区域，江西省对于水库消落带的生态修复研究相对滞后，接下来的工作重点应该是结合江西省的地质及土壤等具体条件，从修复物种的选择、修复方式的确定等方面进行试验研究，探索出一条适合江西省水库消落带生态修复的路子。

3.3　水库消落带生态系统健康评价

健康概念广泛应用于人类。在医学上，个体的健康是相对于正常状态来定义的，即在期望的耐受性范围内健康个体的功能。在生物种群中也大量应用健康这一概念，如在种群医学和流行病学中的应用。生态系统是包含生命的超有机体的复杂组织，生态系统的一些特征，如波动和衰退等，都可以认为是系统健康与否的症状。将描述个体和种群健康的概念扩展到生态系统，有助于提醒人们不要仅仅关注只包括无机成分的环境破坏，更应关注作为整体系统的包括无机成分和生物成分的生态系统状况。

当生态系统的能量流动和物质循环没有受到损伤，关键生态成分保留下来（如野生动物、土壤和微生物区系），系统对自然干扰的长期效应有抵抗力和恢复力以及当"不必经常对系统进行治疗"时，该生态系统就是健康的。健康的生态系统不仅在生态学意义上是健康的，而且有利于社会经济的发展，并能维持人类群体的健康。

水库消落带是湿地的一种，但又与一般的湿地生态系统有所不同。水库消落带周边人口相对密集，人类活动与水库消落带生态系统的相互作用最为频繁，且水位的涨落会导致水库消落带生态系统形成季节性变化的特征。水库消落带生态系统的健康评价对于了解消落带的内部结构、功能变化和生态过程具有重要意义。

随着生态环境问题的产生，人类面临着合理保护和恢复自然资源的问题。科学家针对生态系统不健康的现实，展开了人类活动与区域自然生态系统健康等问题的整合研究，确定了生态系统在胁迫条件下产生不健康的症状和机理，探讨了其恢复对策，为生态系统保护与修复提供了参考。生态系统健康评价研究就是在这一背景下产生的。湿地生态系统健康评价的目的是诊断由自然因素和人类活动引起的湿地系统的破坏或退化程度，以此发出预警，为管理者、决策者提供目标依据，以便更好地利用、保护和管理好流域湿地。湿地健康涉及湿地的方方面面，包括物理的、化学的、生物的以及社会经济方面的健康诊断，湿地生态系统健康评价主要是完成以下目的：①获得关于湿地数量和质量的精确的基础数据；②准确评价湿地数量和质量未来的变化趋势；③将湿地数量和质量的变化与原因机制联系起来，如城乡发展、农业和造林活动、运输、开矿、自然因素、保护活动以及其他活动；④提供湿地数量、质量状况和发展趋势的报告，这些报告可用于评价湿地恢复措施的效果，可为未来制定湿地政策和管理提供很好的依据；⑤长期了解湿地的健康（功能）、分布、结构和过程状况。

美国环境保护署较早形成了一系列相对成熟的评价理论和评价方法。根据评价方法的强度和尺度，美国环境保护署提出了 3 个层次的湿地健康评价方法，通常称为 Level Ⅰ、Level Ⅱ、Level Ⅲ。Level Ⅰ 评价方法是利用地理信息系统和遥感技术的一种景观尺度的评价方法，此方法的优点是可以用较少的资源来评价大面积或大量的湿地，但其对单个湿地基本状况的评价精度相对较低。Level Ⅱ 评价方法是利用单个湿地简单的观测数据来快速定性评价局地或区域尺度的健康状况，其优点是可以用中等资源花费对区域尺度的湿地进行评价，对单个湿地的评价精度适中，因此 Level Ⅱ 评价方法是最普遍使用的方法。Level Ⅲ 评价方法是一种利用野外采样定量进行场地评价的强度较大的方法，该方法精度最高，可以评价湿地的健康或生态完整性，但需耗费大量的人力、物力和财力。美国环境保护署建议用 Level Ⅲ 评价方法来验证 Level Ⅰ 和 Level Ⅱ。

目前，湿地生态系统的健康评价方法可以分为两大类：生物法和指标体系法。

生物法又分为指示生物法和生物完整性指数法。鉴于生态系统的复杂性，经常通过研究单个物种或指示类群来反映湿地生态系统的健康状况。首先确定生态系统中的关键物种、特有物种、濒危物种或环境敏感物种，然后采用适宜方法测量其数量、生物量、生产力、结构功能指标及一些生理生态指标，进而描述生态系统的健康状况，这就是指示生物法。一般来说，在一些自然生态系统中指示物种法比较适用，利用这种方法对湿地生态系统健康进行评价的工作已有很多。硅藻、海草、鸟类、鱼类以及底栖无脊椎动物等被作为评价湿地健康程度的可行指标。总体来说，指示生物法在国内应用较少，但由于该方法具有比较容易测度、花费低等优势，在湿地健康评价中有很广泛的应用；但它也存在很明显的缺陷，如筛选标准不明确，有些采用了不合适的类群。另外，关于指示物种的减少是否能全面反映生态系统的变化趋势仍存在争议，而且指示生物法不考虑人类健康和社会经济等因素，难以对湿地健康变化趋势作出预测。生物完整性指数概念最早是由 Karr 提出的，用鱼类来评价河流的质量特点，随后，美国学者将其推广到湿地健康评价中。

指标体系法，也称多指标综合评价法，通过选取能够表示生态系统主要特征的指标，确定其在生态系统健康中的权重系数，并进行综合评价来反映湿地的健康程度。相比指示物种法，多指标综合评价法涉及多领域、多学科，考虑了生态、景观、社会经济等因素，因此更综合、更全面，在国内应用较多。但该方法也存在指标选取重复，权重确定过程中主观性强等问题，评价方法研究有待进一步深入。较为常见的就是压力-状态-响应（pressure - state - response，PSR）指标体系。

宫兆宁等以反映人类与自然环境相互作用的 PSR 模型为框架，利用多源遥感数据和统计监测数据，筛选出 19 项代表性指标，构建了官厅水库消落带生态系统健康评价指标体系，它兼顾生态系统发展过程中突变性和模糊性等特征，结合模糊数学理论与突变理论的方法，提出一种定性与定量相兼顾的多层突变模糊评判方法，并最终得出结论：2015 年、2010 年和 2005 年官厅水库消落带生态系统健康评价等级分别为"良""一般"和"一般"，模糊隶属度健康指数分别为 3.520、2.969 和 3.110，突变级数指数分别为 0.974、0.961 和 0.964。官厅水库消落带生态系统健康状态总体发展趋好。

涂建军等依据 PSR 模型，建立了景观尺度的消落带生态系统健康评价指标体系；利用 2004 年、2009 年的土地利用数据，在遥感和 GIS 技术支持下获取了生态健康评价各项指标值，采用生态系统健康综合指数对重庆开县消落带生态系统和不同高程的生态子系统进行了生态系统健康评价。

胡艳芳等依据坡度、宽度和水面宽度将燕山水库消落带分为 4 个生态功能区，运用层次分析法对 4 个生态功能区的健康度进行了评价，得出 4 个生态功能区的健康度指数分别为 0.7766、0.6949、0.7044 和 0.7145，即 4 个生态功能区分别处于亚健康、疾病、亚健康、亚健康的状态。研究结果表明，物种多样性、湿地受胁状况和人类活动强度是影响消落带生态系统健康的主要指标因子，结果与燕山水库消落带现场调查的情况相符。

消落带系统健康评价指标的确定是一个非常复杂的问题，目前是将已有的指标体系用于不同消落带系统健康状况现状评价的实践中。当然，指标体系可能还会引入其他指标，应根据具体情况进行适当调整。关于建立适合于不同类型具体消落带系统健康评价指标体系还需要进行深入研究。

第 4 章

水库消落带常用植物类型及桑树扦插育苗技术

4.1 常用植物类型

水库消落带具有较高的生产潜力和多种利用方式，对于人多地少、人地矛盾突出的库区来说，这是一种宝贵的土地资源。在消落带种植经济作物，可节约土地，增加居民经济收入，改善人民生活条件，提高人民生活水平，创造"自然-经济-社会"和谐统一的复合系统，从而实现库区经济社会可持续发展。在水库消落带种植两栖植物，营造水库消落带护岸林，可以有效减少水库淤积、涵养水源、净化水质、维护库区生态安全，从而延长水库的使用年限。根据各水库的具体情况，目前用于水库消落带的植物有以下几类。

4.1.1 护岸为主类

消落带植物的根系渗入土层，可以增大库岸的切向力，减弱块体的运动，从而能够防止水土流失，抵御泥沙侵蚀。同时，消落带中的植被可以通过吸收地表径流和降低水流流速来减少水流对库岸的冲刷。华南地区大中型水库消落带的生态问题突出，该地区广泛分布易侵蚀性红壤，在台风暴雨和水库波浪的作用下，岸坡侵蚀严重。例如，高州水库自 1960 年建成后运行至 2012 年，库区土壤流失面积达 26hm²，淤积量达 4708.41 万 m³，约占总库容的 4.5%。早在 21 纪初，郑中华等就对高州水库湖榕、水翁混交护岸林带的绿化固土效果进行了研究，利用湖榕和水翁的耐涝和耐旱特性，在设计洪水位至汛限水位的水库岸带种植混交护岸林带。研究结果表明，湖榕和水翁混交林具有显著的绿化固土及护岸效果，9 年生的湖榕，其后期植被覆盖度达 90%～100%，保土效果高达 97.9%，保水效果达 69.3%；同年种植的水翁后期植被覆盖度达 30%，保土效果达 94%。华南农业大学的郑楠炯等还提出了"桩-植被一体化"的梯度治理方案：采用轻小群排桩护岸，截排水沟组织排水，阻隔波浪和径流侵蚀，抽取库尾淤泥回填桩后坡面形成梯级平台，然后在不同的梯级平台上种植不同的植物，从而达到最优的护岸固土效果。经实践检验，效果较好的植物有以下几种。

（1）湖榕：主干高度及其粗度中等，枝条披散，冠幅宽，枝叶茂密；由气根发育伸长入土的柱根又多又长又粗，表土层密布大量须状细根；地表后期植被覆盖度达 90%～100%。

（2）水翁：常绿乔木，高 10～16m。枝下高 2～4m，树皮厚，灰褐色，嫩枝压扁或近四棱形；树冠圆形。叶对生，薄革质，长圆形或椭圆形，长 8～12cm，宽 4～8cm，全缘，先端渐尖或短尖，基部阔楔形，具透明腺点，揉之有香气；叶柄长 1～2cm。花序由多数聚伞花序组成圆锥花序状，生于无叶的小枝或腋生；花小，白色，略香；花萼钟形，花瓣合生呈帽状，雄蕊多数。浆果近球形，熟时紫黑色。花期为 5—7 月；果期为 8—9 月。

水翁分布于我国华南和云南，中南半岛、东南亚和大洋洲也有。喜湿热气候，常生于溪边、水旁湿处，喜光且耐阴，在疏松湿润的土中生长颇快。根系发达，须根多，极耐水浸，故名水翁、水浃。有护岸和净化水质作用，抗风，萌生力强，播种繁殖。宜采回成熟果实去掉果皮后晾干即播，发芽率达 90% 以上。忌日晒和脱水，久贮将会降低发芽能力。也可扦插，易成活。

水翁其枝叶繁多苍翠，生长快，花多而洁白芳香。适于湿地和水旁栽植，为固堤和水旁绿化的优良乡土树种。果皮略甜可食；花、叶、树皮和根均可药用，花药名"水翁花"，有清热解暑功效。属蜜源和招鸟树种。

（3）落羽杉：落叶乔木，在原产地高达 50m，胸径可达 2m；树干尖削度大，干基通常膨大，常有屈膝状的呼吸根；树皮棕色，裂成长条片脱落；枝条水平开展，幼树树冠呈圆锥形，老则呈宽圆锥状；新生幼枝绿色，到冬季则变为棕色；生叶的侧生小枝排成两列。叶条形，扁平，基部扭转在小枝上列成两列，羽状，长 1～1.5cm，宽约 1mm，先端尖，上面中脉凹下，淡绿色，下面黄绿色或灰绿色，中脉隆起，每边有 4～8 条气孔线，凋落前变成暗红褐色。雄球花卵圆形，有短梗，在小枝顶端排列成总状花序状或圆锥花序状。球果为球形或卵圆形，有短梗，向下斜垂，熟时为淡褐黄色，有白粉，径约 2.5cm；种鳞木质，盾形，顶部有明显或微明显的纵槽；种子呈不规则三角形，有锐棱，长 1.2～1.8cm，褐色。球果于 10 月成熟。

落羽杉原产于北美东南部，耐水湿，能生于排水不良的沼泽地上。我国广州、杭州、上海、南京、武汉、庐山及河南鸡公山等地引种栽培，生长良好。其木材重、纹理直、结构较粗、硬度适中、耐腐力强，可作建筑、电杆、家具、造船等用。我国江南低湿地区已将其用于造林或栽培为庭园树。

（4）池杉：杉科落羽杉属植物。常有屈膝状的呼吸根，在低湿地生长者"膝根"尤为显著。树皮褐色，纵裂，成长条片脱落，枝向上展，树冠常较窄，呈尖塔形；当年生小枝绿色，细长，常略向下弯垂，2 年生小枝褐红色。叶多钻形，略内曲，常在枝上螺旋状伸展，下部多贴近小枝，基部下延，长 4～10mm，先端渐尖，上面中脉略隆起，下面有棱脊，每边有气孔线 2～4 条。球果呈圆形或长圆状球形，有短梗，向下斜垂，熟时褐黄色，长 2～4cm；种子为不规则三角形，略扁，红褐色，长 1.3～1.8cm，边缘有锐脊。花期为3—4 月，球果于 10—11 月成熟。

池杉在第三纪中新世时期曾广布于北美洲和欧亚大陆，仅在北美洲保存下来，现天然分布于美国东部、中部及东南沿海 17 个州，向南延伸至墨西哥中部山区。经引种，目前，我国苏、浙、皖、鄂、湘、赣、闽、川、豫、鲁、陕等地均有大面积人工林。

（5）竹节树：乔木，高 7～10m，基部有时具板状支柱根，树皮光滑，很少具裂纹，灰褐色。叶形变化很大，矩圆形、椭圆形至倒披针形或近圆形，顶端短渐尖或钝尖，基部楔形，全缘，稀具锯齿；叶柄长 6～8mm，粗而扁。花序腋生，有长 8～12mm 的总花梗，分枝短，每一分枝有花 2～5 朵，有时退化为 1 朵；花小，基部有浅碟状的小苞片；花萼 6～7 裂，稀 5 裂或 8 裂，花萼钟形，长 3～4mm，裂片三角形，花瓣白色，近圆形，边缘撕裂状，连柄长 1.8～2mm，宽 1.5～1.8mm，边缘撕裂状；雄蕊长短不一；柱头盘状，4～8浅裂。果近球形，直径 4～5mm，顶端冠以短三角形萼齿。花期为冬季至次年春季，果期为春夏季。产地为广东省中部，南至海南岛及沿海岛屿。生长于丘陵灌丛或山谷杂木林中，有时村落附近也有生长。分布在马达加斯加、斯里兰卡、印度、缅甸、泰国、越南、马来西亚至澳大利亚北部。

（6）垂柳：乔木，高达 18m，树冠开展而疏散；树皮灰黑色，不规则裂；枝细小、柔软下垂，无毛；芽线形，顶端急尖。叶狭披针形，长 9～16cm，宽 0.5～1.5cm，顶端长渐尖，基部楔形，两面无毛或幼时被微毛，边缘具细锯齿；叶柄长 3～12mm，被短柔毛；托叶仅生于萌发枝上，斜披针形或卵圆形。花序先叶开放，或与叶同时开放；雄花序长 1.5～3cm，具短梗，轴被毛；雄蕊为 2 枚，花丝与苞片近等长或较长，基部被长毛，花药橙红色；苞片披针形，外面被毛；腺体为 2 个；花序长 2～5cm，具梗，基部有 3～4 片小叶，轴被毛；子房为椭圆形，无毛或下部稍被毛，无柄或近无柄，花柱短，柱头 2～4 深裂；苞片披针形，长 1.8～2.5m，外面被毛；腺体 1 个。蒴果长 3～4mm。花期为 3—4月；果期为 4—5 月。广东和海南各地有栽种，多植于水边。长江流域和黄河流域常见栽培。亚洲、欧洲、美洲各地均有引种。

郑楠炯等针对华南地区大中型水库（以高州水库为例）消落带岸坡侵蚀严

重的问题，利用以上种类植物，提出了"桩-土-植被一体化"的梯度治理方案（图 4.1），并取得了较好的护岸固土效果，同时还可以清洁库容和美化环境。

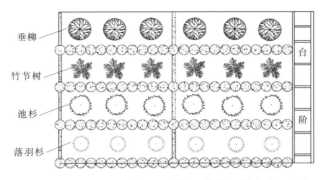

图 4.1　"桩-土-植被一体化"梯度治理方案

4.1.2　生态修复为主类

水库的修建会带来较明显的生态问题：首先，库区淹没了自然湿地，使得自然消落带的植物消亡，同时水库大坝截断了流域上下游之间物质、能量和信息的交换，破坏了消落带的生态；其次，水库的建成产生了新的生态系统——水库消落带，它往往会造成植被破坏、生物多样性下降等。所以对水库消落带的生态修复研究就成为了必然，其关键就是恢复和重建消落带植被。

4.1.2.1　三峡水库消落带生态修复

国内对三峡水库消落带生态修复的研究启动得较早，2003—2007 年，中国科学院武汉植物园在武汉、秭归库区和万州库区水淹实验基地进行了三峡水库消落带植被重建适宜物种的筛选研究，通过水淹时间和水淹深度的交互实验，筛选出了适宜重建的耐水淹植物 7 种、种子散播植物 8 种、带外攀爬植物 12 种，为深入开展三峡水库消落带植被重建工作提供了种源基础。试验表明：在高程 145～156m，植被恢复以耐水淹的草本植物为主，如狗牙根、双穗雀稗、头花蓼等。

（1）狗牙根：低矮草本，具根茎。秆细而坚韧，下部匍匐地面蔓延甚长，节上常生不定根，直立部分高 10～30cm，直径 1～1.5mm，秆壁厚，光滑无毛，有时略两侧压扁。叶鞘微具脊，无毛或有疏柔毛，鞘口常具柔毛；叶舌仅为一轮纤毛；叶片线形，长 1～12cm，宽 1～3mm，通常两面无毛。穗状花序 2～6 枚，长 2～6cm；小穗灰绿色或带紫色，长 2～2.5mm，仅含 1 小花；颖长 1.5～2mm，第二颖稍长，均具 1 脉，背部成脊而边缘膜质；外稃舟形，具 3 脉，背部明显成脊，脊上被柔毛；内稃与外稃近等长，具 2 脉。鳞被上缘近截平；花药呈淡紫色；子房无毛，柱头紫红色。颖果长为圆柱形。花果期为

5—10 月。

（2）双穗雀稗：多年生，有根状茎及匍匐茎。花枝高 20～60cm。叶片条形至条状披针形，宽 2～6mm。总状茎序 2～3 枚，指状排列，长 2～5cm；小穗成两行排列于穗轴一侧，长 3～3.5mm；第一颖缺或微小；第二颖与第一外稃相似但有微毛；第二外稃硬纸质，灰色，顶端有少数细毛，以背面对向穗轴。其分布于江苏、湖北、台湾、广东、广西、云南，全球热带及温带其他地区也有。常生长于水边及海边沙土上，可保土固堤。秆叶柔嫩为良好饲料。

（3）头花蓼：多年生草本。茎匍匐，丛生，基部木质化，节部生根，节间比叶片短，多分枝，疏生腺毛或近无毛，1 年生枝近直立，具纵棱，疏生腺毛。叶卵形或椭圆形，长 1.5～3cm，宽 1～2.5mm，顶端尖，基部楔形，全缘，边缘具腺毛。两面疏生腺毛，上面有时具黑褐色新月形斑点；叶柄长 2～3mm，基部有时具叶耳；托叶鞘筒状，膜质，长 5～8mm，松散，具腺毛，顶端截形。有缘毛。花序头状，直径 6～10mm，单生或成对、顶生；花序梗具腺毛；苞片长卵形，膜质；花梗极短；花被 5 深裂，淡红色，花被片椭圆形，长 2～3mm；雄蕊 8，比花被短；花柱 3，中下部合生，与花被近等长；柱头头状。瘦果长卵形，具 3 棱，长 1.5～2mm，黑褐色，密生小点，微有光泽，包于宿存花被内。花期为 6—9 月，果期为 8—10 月。

4.1.2.2　千岛湖库区消落带生态修复

徐高福等在浙江千岛湖库区进行了消落带的造林实验，发现以下几种植物有较好的生态修复效果。

（1）银叶柳：灌木或小乔木，高可达 12m。树干通常弯曲，树皮暗褐灰色，纵浅裂；1 年生枝带绿色，有绒毛，后紫褐色，近无毛。芽先端钝头，有短柔毛。叶长椭圆形，披针形或倒披针形，长 2～5.5cm，宽 5～13mm，先端急尖或钝尖，基部阔楔形或近圆形，幼叶两面有绢状柔毛，成叶上面绿色，无毛或有疏毛，下面苍白色，有绢状毛，稀近无毛，侧脉 8～12 对，边缘具细腺锯齿，叶柄短，长约 1mm，有绢状毛。花序与叶同时开放或稍先叶开放；雄花序圆柱状，长 1.5～2cm，花序梗短，梗长 3～6mm，基部有 3～7 片小叶，轴有长毛；雄蕊 2，花丝基部合生，基部有毛，花药黄色；苞片倒卵形，先端近圆形或钝头，两面有长毛；腺体 2，背生和腹生；雌花序长 1.2～1.8cm，有短梗，长 2～5mm，基部有 3～5 片小叶，轴有毛；子房卵形，长约 2mm，无柄，无毛，花柱短而明显，柱头 2 裂，苞片卵形，先端圆形或钝头，两面无毛，有缘毛；腺体 1，腹生。果序长达 2～4cm；蒴果卵状长圆形，长约 3mm。花期为 4 月，果期为 5 月。

银叶柳非常耐水湿，还耐没顶水淹，在全年持续没顶水淹长达 116d 的成活率仍然高达 70%，可见银叶柳是适用于水库消落带生物修复的植物。

（2）枫香树：落叶乔木，高达 30m，胸径最大可达 1m，树皮灰褐色，方块状剥落；小枝干后灰色，被柔毛，略有皮孔；芽体卵形，长约 1cm，略被微毛，鳞状苞片敷有树脂，干后棕黑色，有光泽。叶薄革质，阔卵形，掌状 3 裂，中央裂片较长，先端尾状渐尖；两侧裂片平展；基部心形；上面绿色，干后灰绿色，不发亮；下面有短柔毛，或变秃净仅在脉腋间有毛；掌状脉 3～5 条，在上下两面均显著，网脉明显可见；边缘有锯齿，齿尖有腺状突；叶柄长达 11cm，常有短柔毛；托叶线形，游离，或略与叶柄连生，长 1～1.4cm，红褐色，被毛，早落。雄性短穗状花序常多个排成总状，雄蕊多数，花丝不等长，花药比花丝略短。雌性头状花序有花 24～43 朵，花序柄长 3～6cm，偶有皮孔，无腺体；萼齿 4～7 个，针形，长 4～8mm，子房下半部藏在头状花序轴内，上半部游离，有柔毛，花柱长 6～10mm，先端常卷曲。头状果序圆球形，木质，直径 3～4cm；蒴果下半部藏于花序轴内，有宿存花柱及针刺状萼齿。种子多数，褐色，多角形或有窄翅。

枫香树产自我国秦岭及淮河以南各省，北起河南、山东，东至台湾，西至四川、云南及西藏，南至广东；亦见于越南北部、老挝及朝鲜南部。其性喜阳光，多生于平地、村落附近及低山的次生林。在海南常组成次生林的优势种，性耐火烧，萌生力极强。

枫香树较耐水湿和水淹，但是不耐没顶水淹，在持续淹水 192d 的成活率高达 60%，但是在持续没顶水淹长达 21d 或以上就会死亡。可见枫香树也可用于水库消落带的生态修复。此外，池杉和枫香树具有类似的效果。

从 2000 年起，付奇峰等在广东的新丰江水库、流溪河水库、南水水库、松子坑水库等地进行了水库消落带适生植物的选择和植被重建试验研究工作，发现铺地黍长期在陆生岸坡上生长良好，在浅淹、半淹至接近全淹时正常生长，在全淹 10 个月以上退水后仍能成活，耐淹、耐旱、耐瘠，是华南地区迄今为止发现的对水库消落带生境最为适应的草本植物；铺地黍成坪快（种植约 40d 覆盖率达到 100%），根茎交错，铺地而行，旺盛翠绿，水草交融，能在水岸形成良好的保土、绿化和景观效果。赤桉是众所周知的耐瘠、耐旱先锋树种，同时其又有极强的耐淹能力（持续淹水 13 个月以上、水深在 0.8～6.71m 之间波动时仍生长正常），故赤桉对水库消落带生境具有良好的适应性。

4.1.3　经济作物类

这一类植物的种植在兼顾生态效益的同时也带来了良好的经济效益。例如，2015 年，任立、任梓维就发明了一种利用嫁接技术在湿地消落带种植核桃树的方法并申请了专利。这项技术选择的消落带深度小于 20m，坡度小于 30°，土地出露时间在 3 月至 5 月中旬，土地总出露时间为 190～270d。该方法是利用枫杨砧木嫁接核桃的原理,在消落带先种植枫杨,待枫杨成活,形成稳定的消落带植被后再进行核桃嫁接,该方法成功地在湿地消落带培育出核桃,形成了稳定的消落带核桃植被群落,降低了水土流失对环境的负面影响,减少或控制了消落带区域的环境污染,同时,核桃具有一定的农业经济效益,增加了农业开发的价值。但是,该方法能否应用在水库消落带,仍有待考察。

黄朝禧在富水水库进行两栖造林试验,缓坡地栽植池杉、落羽杉、意杨等,坡度大一些的栽植杞柳,在相关单位的积极支持和当地群众的积极响应下,不到 3 年的时间里,营造杨树林 600 余 hm^2,建立杨树苗圃 $10hm^2$,形成了以水库消落带为基地的生态林业,推进了库区的林业产业化,有效解决了库区林业的可持续发展问题,不仅促进了库区农民增收,对库区的生态环境也大有裨益,为水库消落带,特别是南方水库消落带林业利用的植被选择提供了很好的样板。

以杞柳为例,杞柳为灌木,高 1~3m;树皮灰绿色,小枝淡黄色或淡红色,无毛,有光泽。芽卵形,尖,黄褐色,无毛。叶近对生或对生,萌枝叶有时 3 叶轮生,椭圆状长圆形,长 2~5cm,宽 1~2cm,先端短渐尖,基部圆形或微凹,全缘或上部有尖齿,幼叶发红褐色,成叶上面为暗绿色,下面为苍白色,中脉褐色,两面无毛;叶柄短或近无柄而抱茎。花先叶开放,花序长 1~2.5cm,基部有小叶;苞片倒卵形,褐色至近黑色,被柔毛,稀无毛;腺体 1,腹生;雄蕊 2,花丝合生,无毛;子房长卵圆形,有柔毛,几无柄,花柱短,柱头小,2~4 裂。蒴果长 2~3mm,有毛。花期为 5 月,果期为 5 月。杞柳是柳编的重要材料,柳编的经济效益良好。例如,山东省临沭县杞柳栽培和加工历史悠久,最早见于 1400 多年前的唐朝初年,2000 年 3 月被国家林业局、中国经济林协会命名为"中国名优经济林杞柳之乡"。早在 2009 年,临沭县杞柳面积达 10.7 万亩,全县有柳编加工企业 100 多家,涌现出全记、祥兴、美艺、金柳等规模以上条柳编龙头企业 15 家,有自营出口权的条柳编企业 40 余家,有柳编工艺 20 多个系列上万个花色品种,产品畅销 100 多个国家和地区,年销售收入 5 亿元。2003 年自营出口创汇 5306 万美元,占全县出口商品总额的 67.3%。

比较典型的还有重庆开县的"沧海桑田"生态经济建设项目——在消落带种植耐水桑树。

4.2 桑树的特点及扦插育苗技术

4.2.1 桑树特点

(1)桑树喜光,对气候、土壤适应性都很强。耐寒,可耐 −30℃ 的低温,在地温 5℃ 以上时，根系的吸收作用开始增强，气温 12℃ 以上时开始萌芽，生长最适宜温度为 25～30℃，气温超过 40℃ 时生长受到抑制，秋冬季气温低于 12℃ 时停止生长，也可在温暖湿润的环境生长。桑树在土壤 pH 值 4.5～9.0 的沙壤性土至黏质土，以及含盐量在 0.2% 以下的轻度盐碱地里都能生长。耐干旱、瘠薄，但在土层深厚、肥沃、湿润，疏松透气的壤质土里生长会更良好；要求排水条件好，根系不能长期受淹。抗风，耐烟尘，抗有毒气体。根系发达，生长快，萌芽力强，耐修剪，寿命长，一般可达数百年，个别是可达千年。

（2）桑树是对抗养殖业污染的最佳树种之一。桑树是对人类生活污水吸收、接受、净化、分解能力最强的树种之一，是对抗养殖业污染的最佳树种。养殖业的污水、粪便和生活垃圾倾倒在树木根部，对杨树、柳树等有不同程度的伤害，而对桑树却是难得的好肥料。桑树比杨树有更强的吸附灰尘能力，由于桑叶的表面更粗糙，叶片更多，而且桑树的叶片可以由地面到树冠全身分布，其吸附能力也更胜一筹。

（3）桑树繁殖能力强。桑树能够在冀东沿海的盐碱地里轻松地生长，不一定要在肥沃、平整的土地里才能生存，在消落带种植桑树，不需要占用大量的土地，正好解决了土地紧缺的困难。

（4）生态服务功能效益高。桑树能净化污水，吸附灰尘，净化空气，为大量候鸟提供食物，为水生生物提供栖息地、能量及食物，还能诱杀美国白蛾，甚至诱杀大量甲壳类昆虫等，具有良好的生态功能。在消落带种植桑树，营造桑影婆娑的美景，也是水库美化的方法之一，同时促进了当地旅游业的发展。故桑树具有护岸、改善和美化库区环境以及改善和保护生活、生存环境等生态功能。

（5）桑树经济价值高，文化内涵丰富。桑树是我国重要的经济林木之一，它全身是宝，桑叶、桑果、木材多方面产出，对增加库区居民收入，实现经济社会的可持续发展有重要的意义。桑树的叶、果、木材、枝条等可以用来饲蚕、养殖家畜、食用、酿酒、编筐、造纸和制作各种器具，同时其叶、根、皮、嫩枝、果穗、木材、寄生物等还是防治疾病的良药。桑树是我国古代重要的经济林木之一，它最主要的价值在于养蚕。我国是世界蚕业的起源地。中华民族是一个种桑、养蚕、缫丝、织绸的民族，我国的丝绸文明曾经沿着古代丝绸之路传向世界。我国生产丝绸的历史可以追溯到夏商时期，甚至更早的黄帝时代以前的桑干河边——氏族公社。五千年的文明离不开丝绸，更离不开桑树。据报道，近年来桑园面积正在逐渐"缩水"，而选择在水库消落带种植桑树，可以重新发展蚕桑养殖业，改善蚕桑养殖业正逐渐退出市场的局面，使丝绸业重新发扬光大。

桑树生长分为幼树期、壮树期和衰老期 3 个明显的阶段。①幼树期。从种子萌发，形成树苗，到植株开花结果以前，为桑树的幼树期，约 2～3 年。其主要特征包括：只进行营养生长，一般不开花结果，生长速率快；发根能力强，扦插易生根；枝条细直，分枝角度狭窄；叶片较薄，叶形较大，叶上茸毛较多，落叶较迟；耐阴较强。②壮树期。也称成熟期，壮树期较长，可达数十年。其主要特征包括：生殖器官形成，能大量开花结果；高生长速率相对降低，发根力减弱；生长势强，创伤易愈合；枝条分枝角度增大，树冠开展；叶肉增厚，叶片上毛茸减少；耐阴降低。③衰老期。其主要特征包括：生长势明显下降，枯枝死干增多，创伤不易愈合；植株抽枝少，枝细短；叶小肉薄，易硬化黄落；开花结果能力低。但衰老的桑树还可利用侧生分生组织和潜伏芽，使之复壮更新。

4.2.2　改良桑树的独有特性

（1）形态特征：桑树树形稍开或直立，枝条细长而直，皮灰褐色，冬芽长三角形，多为黄褐色，叶为卵圆形或心脏形，平展，翠绿色，叶尖短尾状或锐头，叶缘钝齿，叶茎截形或浅心形，叶长 23～28cm，叶幅为 18～23cm，叶面光滑，叶片平伸或稍下垂，叶柄细长。

（2）生长特点：2 年生苗，年最高生长量为 2.0～2.5m，萌芽期为 3 月上旬，高生长期为 7—9 月，生物含量占全年生物含量的 75%。

（3）营养价值：粗蛋白含量为 18%～26%，桑叶晒干粉碎成粉屑后粗蛋白含量不低于 18%，500g 桑粉屑相当于 1kg 以上玉米的粗蛋白，可溶性糖含量为 7%～12%，灰粉值为 25%。

（4）产量及牲口适口性：桑树第一年长高至 60～70cm 就可以采用人工或者机械平茬收获枝叶，新鲜枝叶直接可以用来饲养家畜，也可以把枝叶晒干（含水量低于 10%），机械粉碎成粉屑存放。在肥水条件适合、耕作土种植时，成熟桑园一年可以割桑叶 4～5 次，总产量为 45t/(hm² · a)。桑树的主要特性就是它的适口性很好。小型反刍动物特别喜欢吃新鲜的桑叶和嫩枝。如果被切碎，牛可以消化全部的生物量。Jayal 和 Kehar（1962）的试验报告指出，绵羊可以从桑树中吸收占身体重量 3.44% 的干物质。在对动物同时提供各种饲料的情况下，动物总是喜欢在一堆不同的饲料中最先选择桑叶。改良的桑树全株消化率为 70%。

（5）经济价值：Jayal 和 Kehar（1962）基于桑树极高的可消化性提出，可以用桑作为低质量饲料的补充饲料，用桑代替谷物精饲料喂养产乳母牛收到了极好的效果，当 75% 的谷物精饲料被桑取代后，产量没有明显降低，饲养成本却大大降低。如果把桑加入到羊的日常精草料饲料中，羊奶产量随着桑加入比例的升高而增加。在用生长期的猪所做的试验中，20％的商业精饲料用桑叶代替后，猪的日增重由只喂精饲料的 680g/d 增加到了 740g/d，创造了很高的经济价值，试验表明，15％是最佳比例。以桑叶喂养安哥拉兔，饲料的摄取量减少了 40％，大大节省了饲料成本。在蛋鸡饲料中加入桑树干叶粉，蛋黄颜色更佳，鸡蛋更大，产量增加了 6％。

　　以北京半湿润沙区、年降水量为 400～500mm 的暖温带地区为例，改良桑树与一般桑树（果桑）产值对比见表 4.1。

　　查阅资料可知，桑树比沙区常见灌木、牧草营养成分高（表 4.2）。

表 4.1　　　改良桑树与一般桑树（果桑）产值对比（2004 年资料）

种类	第一年		第二年		第三年		备 注
	产量/kg	产值/元	产量/kg	产值/元	产量/kg	产值/元	
改良桑树	1000	2000	2000	4000	2000	4000	叶作饲料，枝杆作食用菌培养基料
果桑	0	0	150	300	800～1000	3300～4400	平茬枝条培养食用菌每年产值 1200～1500 元，秋季修剪枝叶作饲料，每亩 500 元产值（产量指桑葚）

表 4.2　　　改良桑树与几种沙区灌木、牧草营养成分比较（2004 年资料）

指标	物　　　种						备注
	改良桑树桑叶	花棒叶	柠条叶	白花草木樨（全株）	毛苕子（全株）	沙生冰草（全株）	
粗蛋白/%	18～28	12.42	17.22	17.51	19.81	15.88	白花草木樨含有香豆素，影响适口性
灰分/%	25	7.63	12.76	7.05	7.96	8.48	
粗纤维/%		44.11	31.66	30.35	27.61	28.48	
钙/%	1.80～2.24	0.95	1.87		1.72	0.40	
无氮浸出物/%	0.14～0.24	0.16	0.16		0.30	0.21	
适口性	好	一般	一般	差	一般	好	
产量/kg	1500（干）	113.6（鲜）	12107（鲜）	1500～3000（鲜）	1750～2750（鲜）	250～400（干）	
种植周期/年	30～40	10～15	30～40	1～2	1	10	
管理条件	不灌溉	不灌溉	不灌溉	灌溉施肥	灌溉	灌溉	

　　根据《中国沙地桑产业化研究和实践》，在饲料中添加改良桑叶的试验表明：①鸡饲料中添加桑叶饲料能提高蛋壳厚度、蛋形指数及蛋壳强度等蛋壳品质，添加桑饲料能显著提高蛋黄色泽、哈夫单位，鸡蛋感观品质好于对照组。

②添加桑饲料的鸡蛋功能性营养品质得到显著提高，如维生素 E 提高了 53.4%～134.8%，添加桑叶饲料组必需氨基酸含量比对照组有显著提高；饱和脂肪酸显著下降，不饱和脂肪酸显著提高，胆固醇下降 14%～16%。③饲料桑叶粉的添加，能够改善鸡肉的风味品质，尤其是在嫩度、鲜味和氨基酸含量有显著提高。

据报道，桑树不仅改善生态环境效果显著，经济效益也非常明显。年生长期为 120d 以上的沙地、沙化地、半湿润地区，在集约化经营条件下种植桑树，亩均综合产值可达 5000 元；半干旱地区可达 3000 元；干旱地区性适当节水灌溉可达 2000 元。桑树全身是宝，开展综合利用，可以延伸出非常丰富的产业链。畜牧业方面，桑叶和嫩枝含有丰富的粗蛋白，其含量约为 18%～28%，含有近 18 种氨基酸及大量的微量元素，畜牧专家研究认为饲料桑是优质的全价饲料，且适口性和消化性均属上等，众所周知的蚕业其实属于一种古老的特殊的"牧业"。营养保健食品方面，桑果不仅是非常有营养的鲜果，而且可以制成系列果酒、果酱、果醋等，国内外已经成功推出了桑叶面、桑叶饮料、桑叶茶等，利用桑树枝杆生产多种木腐菌，如黑木耳、香菇等。还有研究表明，桑树属于药食同源植物，自古以来，其医药价值就很高。国内外公认桑叶、桑果是非常适合糖尿病、高血压、高血脂等患者食用的营养品。

为了治理沙化，改善生态环境，发挥经济效益，从 2001 年起桑树已在北京、辽宁、山西、宁夏、新疆、贵州、河南等干旱、半干旱、半湿润地区及南方石漠化地区试点种植并推广。2010 年 1 月，桑树首次被用来治理三峡水库消落带，并取得了成功。

综上所述，本书在水库消落带的开发利用和生态修复中选用改良后的桑树，是因为桑树的经济价值、社会价值、生态价值、药用和食用价值均很高，如果试点成功，生态修复功能也很明显。

4.2.3　桑树的扦插育苗技术

为了研究桑树的繁育能力，项目组成员开展了扦插育苗试验技术研究，并取得了良好的效果，扦插育苗技术简述如下。

4.2.3.1　扦插前期准备

（1）圃地选择。桑树扦插圃地应选择地势平坦、水源丰足、管理方便的地方。

（2）插床准备。搭建高约 2.0m 的大棚，大棚上覆盖 50% 的遮阳网，在荫棚内砌畦面宽 80cm 的插床，长度适宜，插床地面及两侧壁要尽量平实，插床内基质厚度约为 20cm，扦插前基质用高锰酸钾 500～600 倍液消毒。

（3）插条选择。选用生长于江西南昌塔城苗木繁育基地内 1 年生的桑树健壮、无病虫害的木质化或半木质化嫩枝为插条。

（4）插条采集与处理。选择晴天或阴天，剪取当年生木质化或半木质化的健壮嫩枝为插条。插条采集后剪成 6～10cm 长的短穗，留两片顶叶或两个半片叶，插条基部应齐叶芽修剪平滑。

4.2.3.2　不同植物生长调节剂、浓度及浸泡时间扦插研究

（1）扦插试验方法。2011 年 7 月 11 日，以黄心土为扦插基质，进行不同植物生长调节剂种类、不同浓度及浸泡时间的桑树扦插试验。

1）不同植物生长调节剂的种类及浓度设置。试验采用萘乙酸（NAA）和 ABT 生根粉两种植物生长调节剂处理，NAA 和 ABT 均设置 0.005%、0.01%、0.015% 3 个浓度梯度水平。

2）插条浸泡时间。试验中 NAA 和 ABT 3 个浓度水平的植物生长调节剂溶液分别设置浸泡插条 0.5h、1.0h、1.5h 3 个浸泡时间水平。

（2）试验调查与数据处理。NAA 和 ABT 不同浓度与浸泡时间扦插试验设计见表 4.3，以不用植物生长调节剂处理（即清水处理）为对照，共设置 19 个试验处理，每处理两个重复，每重复扦插 200 株。

2012 年 4 月 9 日，对 19 个试验处理的桑树扦插成活情况进行调查，通过调查数据分析得出适合桑树的植物生长调节剂种类、浓度及浸泡时间组合。

表 4.3　　　　　　NAA 和 ABT 不同浓度与浸泡时间扦插试验设计

处理号	NAA/%	浸泡时间/h	处理号	ABT/%	浸泡时间/h
1	0.005	1.0	11	0.01	0.5
2	0.01	0.5	12	0.015	1.5
3	0.015	1.5	13	0.005	0.5
4	0.005	0.5	14	0.01	1.5
5	0.01	1.5	15	0.015	1.0
6	0.015	1.0	16	0.005	1.5
7	0.005	1.5	17	0.01	1.0
8	0.01	1.0	18	0.015	0.5
9	0.015	0.5	19（对照）	0	0
10	0.005	1.0			

（3）试验结果。不同植物生长调节剂配比下桑树扦插生长情况见表 4.4。由表 4.4 可见，经过 9 个多月的生长，19 个不同处理的桑树扦插成活率均达到 70% 以上，对照清水处理，桑树扦插成活率也可达 70%，其中处理 11（ABT 0.01% 浸泡 0.5h）、处理 12（ABT 0.015% 浸泡 1.5h）、处理 13（ABT 0.005% 浸泡 0.5h）的扦插成活率达 90% 以上。19 个不同处理的桑树扦插苗

高生长呈显著的差异，其中处理 11、处理 12、处理 13 的苗高生长显著高于对照处理，其他处理的桑树苗高生长与对照处理均无显著差异。处理 11 的苗高最大，为 49cm，是处理 5（NAA 0.01％浸泡 1.5h）的 3.3 倍，是对照处理的 2.5 倍。处理 11、处理 12、处理 13 的桑树扦插苗木外观生长情况较其他处理好，叶片鲜绿，分枝较多，其他处理的叶片呈淡黄到淡绿色。综合不同处理的桑树扦插成活率、苗高及生长情况来看，桑树扦插成活较为容易，除了处理 11、处理 12、处理 13 处理外，其他处理并未表现出较对照处理的扦插优势，19 个处理中，0.01％的 ABT 溶液浸泡桑树插条 0.5h 最适合桑树扦插成活和生长。

表 4.4　　　　　　　　不同植物生长调节剂配比下桑树扦插生长情况

处理号	成活率/％	苗高/cm	生　长　情　况
1	80	20.00±2.00abc	生长较好，叶片呈淡绿色
2	70	22.00±7.21c	生长较好，叶片呈淡绿色
3	80	21.00±5.29bc	生长较好，叶片呈淡绿色
4	80	18.33±1.53abc	生长较好，叶片呈淡绿色
5	70	14.67±4.16a	生长一般，叶片呈淡黄绿色
6	70	18.67±4.16abc	生长一般
7	80	19.33±3.06abc	生长较好，叶片呈淡绿色
8	80	20.67±2.52bc	生长较好，叶片呈淡绿色
9	85	22.33±4.16c	生长较好，叶片呈淡绿色
10	85	18.00±2.00abc	生长较好，叶片呈淡绿色
11	95	49.00±3.61f	生长极好，叶片鲜绿，分枝多
12	90	31.00±3.61e	生长极好，叶片鲜绿，分枝多
13	90	29.00±6.56de	生长极好，叶片鲜绿，分枝多
14	70	15.00±2.65ab	生长一般，叶片呈淡黄绿色
15	70	19.33±3.06abc	生长一般，叶片呈淡黄绿色
16	75	21.33±3.06bc	生长较好，叶片呈淡绿色
17	85	20.67±3.06bc	生长较好，叶片呈淡绿色
18	80	24.33±2.08cd	生长较好，叶片呈淡绿色
19（对照）	70	19.33±3.06abc	生长一般，叶片呈淡黄绿色

注　扦插时间为 2011 年 7 月 10 日，调查时间为 2012 年 4 月 9 日，表中不同字母表示差异显著（$p<0.05$）。

4.2.3.3　不同扦插时间研究

（1）试验方法。设置 3 个扦插时间处理（2011 年 7 月上旬、2011 年 7 月下旬、2011 年 10 月上旬），进行大批量扦插，每次扦插插条用 0.01％的 NAA 溶液浸泡 1h。2012 年 4 月 9 日，对扦插桑树生根及生长情况进行观测，综合比较出桑树适合的扦插时间。

（2）试验结果。分别于 2011 年 7 月上旬、7 月下旬、10 月上旬用黄心土对桑树进行不同时间的扦插试验，2012 年 4 月上旬对不同扦插时间的桑树成活及生长情况进行调查，结果见表 4.5。由表 4.5 可知，7 月上旬扦插的桑树成活率达 85％，10 月上旬扦插的桑树成活率为 71％，而 7 月下旬扦插的桑树成活率仅为 65％。7 月上旬和下旬的桑树扦插成活率相差较大的主要原因可能是：一方面，7 月下旬扦插时温度太高，桑树枝条易失水，在高温逆境下导致桑树成活偏低；另一方面，7 月下旬时，桑树枝条已经过于木质化，不利于生根。7 月上旬扦插的桑树苗高可达 22cm，高于 7 月下旬和 10 月上旬扦插的桑树，且生长情况也较 7 月下旬和 10 月上旬扦插的桑树好。可见适合桑树扦插时间为 7 月上旬左右，此时气温还不是很高，且桑树枝条营养丰富，刚刚半木质化或木质化，适合生根。

表 4.5　　　　　　　　　不同扦插时间的桑树成活及生长情况

扦插时间	扦插基质	成活率/％	苗高/cm	生　长　情　况
7 月上旬	黄心土	85	22	生长极好，叶片鲜绿，分枝多
7 月下旬	黄心土	65	14	生长一般，叶片呈淡黄绿色
10 月上旬	黄心土	71	12	生长一般，叶片呈淡黄绿色

4.2.3.4　不同基质扦插研究

（1）试验方法。2011 年 10 月上旬，在江西省林业科学院荫棚内分黄心土和珍珠岩两种基质进行桑树扦插基质试验，插条准备好后，将插条基部 2～3cm 用 0.01％的 NAA 溶液浸泡 1h，浸泡好后，扦插在事先已消毒的黄心土和珍珠岩苗床中。扦插完后立即浇透水，薄膜封盖，薄膜棚内设微喷定时浇水设备。2012 年 4 月 9 日对两种基质下桑树扦插成活及生长状况进行观测，结合两种基质对桑树成活率及生长情况的影响来判断适合桑树扦插的基质。

（2）试验结果。2011 年 10 月上旬分黄心土和珍珠岩两种基质对桑树进行了扦插基质试验，经过一个冬季的生长后，2012 年 4 月上旬对这两种基质下扦插桑树的成活及生长情况进行调查，结果见表 4.6。由表 4.6 可见，经过一个冬季的生长，至翌年 4 月，黄心土和珍珠岩中扦插成活率均可达 70％以上，苗高生长为 11～12cm，两种基质扦插下的桑树成活率、苗高及生长情况相差不大，可见黄心土和珍珠岩均可用于桑树扦插，黄心土因其经济便宜、方便易得，可用于广泛用于桑树的扦插生产。

表 4.6　　　　　　　黄心土和珍珠岩扦插桑树的成活及生长情况

扦插时间	扦插基质	成活率/%	苗高/cm	生　长　情　况
10 月上旬	黄心土	71	12	生长一般，叶片呈淡黄绿色
10 月上旬	珍珠岩	73	11	生长一般，叶片呈淡黄绿色

注　扦插时间为 2011 年 10 月上旬，成活及生长情况调查时间为 2012 年 4 月上旬。

4.2.3.5　扦插育苗结论

适合桑树扦插的方法为：夏季枝条刚木质化或半木质化时，用黄心土为基质，插条用 0.01% 的 ABT 浸泡 0.5h，生根率可达 95% 以上。通过试验可知，桑树种苗可以通过扦插方法大量繁育。

第 5 章

桑树在三峡水库消落带中的应用

长江三峡工程规模宏大，举世瞩目，兼有发电、防洪和航运等功能。三峡水库采用"蓄清排浑"的调度运行方式，即：每年汛期（6—9月）将水库水位降至最低水位 145m，非汛期（10月开始）开始蓄水至 175m，并保持到 12月，然后水位逐渐回落，次年的 1—4 月降到 156m，5 月底降至 145m，6—9月保持该防洪限制水位运行。这样，在一个循环周期内，三峡水库库区内形成一个库岸长 2996km、面积约 300km^2、垂直落差达 30m 的水库消落带。

5.1　重庆开县概况

开县位于重庆市东北部，地处长江之北，大巴山南坡与川东平行岭谷的结合地带，介于北纬 30°49′30″～31°41′30″与东经 107°55′48″～108°54′之间，西邻四川省开江县，北接重庆市城口县和四川省宣汉县，东毗重庆市云阳县和巫溪县，南邻重庆市万州区。

开县四面环山，疆界大多由山岭构成，自然界线分明，形状像一片甜橙叶，由东北向西南斜置。长轴距离为 120km，最宽距离为 50km，总面积为 3959km^2。

开县的山脉主要有观面山脉、南山山脉、铁峰山脉。观面山脉为大巴山支脉，北东南西走向；南山山脉从梁平县明月山分支，南西北东走向；铁峰山脉从忠县精华山延伸，南西北东走向。南山、铁峰山脉为川东平行岭谷的隔挡式褶皱带构成，背斜紧凑，形成低山；向斜宽敞，多成丘陵谷地或平原。

开县位于中纬度，具有亚热带季风气候的一般特点，气候季节变化明显，因为盆周山地阻挡，寒潮不易入侵，故气温比同纬度、同海拔的其他地区略高，冬暖春早，夏季海洋性季风带来大量温暖空气，夏季雨量充沛、温湿适度。但当季风锋面停留时，又形成初夏的梅雨天气；当太平洋高压控制川东一带时，7—8月出现高温少雨的伏旱天气。

立体地形导致立体气候特点明显，因纬度引起的气温差异甚微，仅为0.3～0.6℃；由此，开县全区可分为两大气候区：一是北部中山地带（海拔1000m以上地区），属暖温带季风气候区，气候冷凉阴湿，雨日多、雨量大、光照差、无霜期较短、霜雪较大；二是三里河谷平坝浅丘地带，属中亚热带温润季风气候区，气候温和，热量丰富，雨量充沛，四季分明，无霜期长，光照虽处于全国同纬度的低值区，但仍比北部山区强，少伏旱。

开县位于三峡水库小江支流尾端，三里河谷河床平坦、地势开阔，致使开县受淹严重。根据水库淹没实物指标调查结果，三峡水库坝前175m蓄水位将淹没开县陆地面积4640hm²（其中：耕地2618.73hm²、河滩地71.07hm²、园地555.6hm²、林地56.27hm²），位居库区22个县（市、区）之首。水库建成后开县库面总面积达到55.5km²，库岸总长度为401.2km。

消落带成陆的时期和范围随着水库的调度运行而呈有规律的变化。开县消落带出露面积和变化规律不仅受三峡库区消落带总体变化的制约，而且还受小江支流的影响。根据有关研究结果，开县消落带不同月份成陆面积见表5.1。

表 5.1　　　　　　　　　　　开县消落带不同月份成陆面积

月份	1	2	3—4	5	6—9	10
水位/m	175～170	170～165	165～160	155	145	145～175
面积/hm²	1000	1980	3020	3750	4250	

5.2 "沧海桑田"生态经济建设项目

桑树在三峡水库消落带开发利用与生态修复中的应用最有名的，当属重庆开县三峡水库消落带"沧海桑田"生态经济建设项目。该项目源于全国政协原副主席、中国工程院院士钱正英的重托。

作为原三峡工程论证领导小组组长，钱正英一直念念不忘三峡库区的后续事宜，而消落带治理问题最令她关注，为此钱正英先后4次到重庆调研。

就在库区消落带问题备受各方关注之时，任荣荣在我国西北、东北、北京大兴等地探索的沙地桑产业化研究正不断深入。作为一位老林业工作者，任荣荣早年师从中国科学院吴中伦院士，专门研究中国沙地桑产业，在沙地上种饲料桑，开辟了防沙治沙的新思路。任荣荣的沙地桑产业化研究，引起了钱正英的关注。2009年4月，钱正英院士和任荣荣谈到了长江三峡消落带治理与百万移民的生计大事，希望任荣荣邀集国内农林专家组团考察库区，并开展试验，提出合理化建议。

2009年5月，受钱正英院士和中国工程院委托，国内20余位农、林、气象、水利、畜牧等专业的专家组成长江三峡水库消落带考察团。考察团考察后决定将试验基地放在开县，并先后在开县渠口镇渠口村和铺溪村划拨征用了小河、渠口坝、大浪坝 3 片消落带土地，共计近 10hm²，建起了桑树耐淹试验区。

开县地处重庆市东北部，属于三峡库区腹心地带，是三峡库区最大的移民县。在三峡工程建设中，全县淹没区面积达 55.5km²，淹没静态总人口为 11.09 万人，搬迁 16.88 万人，移民任务占三峡库区的 10%，四期移民任务占了重庆库区的 60% 以上，因此开县具有"县城全淹、搬迁最晚、进城最多、后靠艰难"的特殊性；同时开县也是三峡水库消落带面积最大的县，全县消落带土地面积占全库消落带总面积的 12.3%，占重庆库区的 13.97%。

2009 年 8 月 23 日，专家组从北京运来 1 万株桑树苗，在开县渠口镇铺溪村白夹溪老土地试栽。此时已错过最佳种植季节，这批桑树生长了 52d，在根系还没有生长好的状态下，被淹没了 108d。

"到次年 1 月水退之后，一看，成了一片白色的荒漠，全死了。但几天后再看，在 162.0～167.5m 水位线上，发现了桑树根部颜色变绿了，这意味着桑树有生命迹象，真的能存活！"这一现象，令任荣荣惊喜不已。

初步试验结果证明，桑树在 167.5m 以上具有很强的耐水淹性，存活率达到 56.8%，不过还需进行 2～3 年的深入观察和研究。

为此，考察团主张，在三峡水库消落带实施"沧海桑田"生态经济建设项目，即：选择优良的桑树，在消落带及库岸山地营造生态经济兼用的桑树林。以人工桑树林取代无序种植，消除无序种植施肥用药和秸秆腐烂造成的污染，消除因自然生长的杂草腐烂对水体的污染。

2008 年 10 月，重庆市向国务院三峡工程建设委员会办公室报送了《三峡消落区和库岸山地饲料桑树种植与草食动物养殖科学研究项目建议书》，12 月，国务院三峡工程建设委员会办公室组织专家对项目建议书进行了评审，并于 2010 年 1 月下达了《关于同意开展三峡水库消落带饲料桑树种植与草食动物养殖适用技术研究的批示》。同月，重庆海田林业科技有限公司在重庆市工商行政管理局开县分局注册成立，任荣荣为法定代表人。由此，重庆市开县"沧海桑田"生态经济建设拉开了帷幕。

随着试验的深入进行，截至 2014 年 6 月，开县"沧海桑田"生态经济建设项目已完成桑树种植面积 1000 余亩，淹没水深在 5m 以内，淹没时间达 5 个月，成活率约为 90%；淹没水深达 8m，淹没时间 5 个月，成活率约为 71%。

而蓄水至 175m 的消落带桑树种植试验还在进行当中，开县"沧海桑田"项目拟逐步建立桑树培育、饲料加工、草食动物养殖、有机畜产品加工和有机肥料加工、营销的产业链，达到改善消落带环境、防止库岸山地水土流失、促进移民安稳致富的目的。据报道，2017 年在北京召开的中国科学家论坛上，任荣荣介绍海田科技通过种植任氏饲料桑树，已经成功研制出桑粕（含蛋白质 20%、优质生物钙 2%），可以彻底替代进口的转基因大豆豆粕。同时，所产的畜禽产品经 14 家国家级检测单位测定是安全、优质的健康食品。

　　开县三峡水库消落带"沧海桑田"生态经济建设项目探索了优质桑饲料利用的办法和途径，这不仅对水库消落带利用有示范意义，而且对全国范围内的消落带利用方式都有着重要的价值和意义。更难能可贵的是，该项目在兼顾生态效益的同时，取得了优异的经济效益。任荣荣说，一开始可能觉得水库消落带导致的生态问题，是人类进行水利工程建设不得不承受的代价，消落带的治理以生态效益为主，但是仅有生态效益没有经济效益，就没有动力和活力。这个项目的出现，让学者们知道，水库消落带的治理也可以将生态和经济有机结合，形成产业链，实现生态和经济利益的双赢。

　　为了掌握第一手资料，本书项目组成员于 2011 年 2 月底前往重庆开县现场调研三峡水库消落带修复情况和桑树喂养猪、鸡、鱼等情况（图 5.1）。根据调研掌握的确切资料，截至 2010 年 6 月，"沧海桑田"项目已完成桑树种植面积 250 亩（其中消落带 200 亩、库岸山地 50 亩），并进行了 36 头肉牛喂养试验。据"沧海桑田"项目负责人任荣荣介绍，桑树栽种 58d 后，在 167.5m 以下水淹时间 108d，约 3.5 个月，淹没水深 3.5～4m 时成活率约为 55%。肉牛对桑树适口性很好，增重明显。

图 5.1　2011 年 2 月 26 日，本书项目组成员在
开县考察桑树种植情况

第6章

桑树在江西省水库消落带中的应用

6.1 滨田水库消落带应用示范

　　滨田水库位于江西省鄱阳县中部，昌江下游右岸一级支流滨田河中游，距鄱阳县城 57km，坝址以上集雨面积为 72.6km²，水库总库容为 11075 万 m³，为多年调节水库，是一座以灌溉为主，兼有防洪、养殖、供水等综合利用的大（2）型水利工程。水库死水位为 37.44m，正常蓄水位为 48.54m，100 年一遇设计水位为 50.31m，2000 年一遇校核水位为 51.16m。水库正常高水位时，水库水面为 13000 亩，平均水深为 15m。

　　滨田水库山清水秀，风景秀丽，景色宜人，景点甚多，水库大坝左面有龙头山，右面有凤凰山，人杰地灵，龙凤呈祥。库区周边景点包括："五牛相会"，坐落于新塘村；"天鹅孵蛋"，坐落于新塘村西北角；"鸳鸯池"，坐落于水库库尾；"金鸡亭"，坐落于新塘村新坂组；"仙女池"，坐落于水库库尾；以及"双龙摆尾""葵花向日""皇印"等景点。已建旅游项目包括野外孤山猎场、三叉垂钓中心，网箱观赏鱼回鱼区，接待服务区龙凤山庄，尤其是水库中的孤山，是避暑纳凉的胜地。滨田水库地理位置十分优越，交通便利，公路四通八达，信息畅通；东与凰岗镇接壤，南与游城乡交界，西北与田畈街镇、金盘岭镇相邻，距江西省省会南昌 130km，距中国瓷都景德镇 30km，距九江市 130km，距中国民俗乡村婺源 100km，景鹰高速从水库边穿过。滨田水库除险加固项目全面竣工，整个枢纽工程已全部美化、绿化、亮化，仅大坝、总闸、办公楼和职工生活区美化绿化面积达 14100m²，且服务功能齐全，设备配套，水库属亚热带季风气候，四季分明，光照充分，年适宜旅游时间长达 270d，7m 宽的混凝土上坝公路两旁绿树成荫，大坝坝顶晚上灯光柔和，清风爽爽，恬静、和谐的山水自然风光非常适宜现代人休闲旅游。

　　水库有水面精养鱼池 100 亩。养殖品种主要是四大家鱼，饵料为库区内杂草及雨水冲击下来的浮游食物，网箱鲴鱼为专用鲴鱼饲料，每年可产家鱼600t，鲴鱼800t。水库周边有山林 9000 余亩，森林茂密，植被良好；水面宽阔，阳光充足，温度适宜，雨量充沛，纯天然淡水，水质好，为国家一类水质。水库周边方圆 30km 内无工业企业和其他污染源，是国家农业农村部和江西省农业农村厅批准的无公害绿色产品基地。具有得天独厚的渔业生产、生态农业、休闲旅游等综合开发的有利条件。

滨田水库工程是鄱中地区龙头水利工程。水库建成运行 40 多年来，经济效益与社会效益十分显著。滨田水库下游地形开阔、平坦，集镇、村庄密集，人口稠密，建库后下游沿河两岸防洪标准得到提高，防洪效益显著。水库保护着鄱阳县交通大动脉鄱田公路 15km 及下游四百余座农田水利工程安全，保护人口达 23 万余人，农田达 24.6 万亩，保护人口及耕地占全县的 1/5，灌溉范围为鄱中地区 11 个乡（镇）管辖的 99 个行政村。

坝址区属丘陵岗埠地貌，山头分布零乱，多为缓坡圆顶状，区内植被良好。滨田水库消落带土壤主要由粉质壤土和碎石层组成，夹少量砾粉质壤土，因水位变幅较大，多年来一直荒芜，长满了茂盛的野草和杂树，未被利用起来，部分低洼地方甚至成了冷浆土（图 6.1）。

图 6.1　滨田水库消落带种植桑树前的概貌

6.1.1　滨田水库消落带桑树成长情况

2011 年 3 月 25 日，本书项目组成员在鄱阳县滨田水库消落带开始了桑树的种植试验工作（图 6.2～图 6.11）。种植前对消落带的土地用农耕机进行了简单的翻松工作，然后按行距 1m、株距 0.5m 左右的规格种植桑树苗，种植后自由生长，项目组成员随时跟踪其长势情况。

　　滨田水库种植后第二天下了一场大雨，但水库水位未淹没树苗，以后一直晴天，未降雨天数达到近 40d（至 5 月 6 日），树苗成活率达到了 95% 左右，而且长势良好。

图 6.2　引种的桑树苗周长 8～33cm

图 6.3　引种的桑树苗长约 26cm

图 6.4　滨田水库消落带种植现场

图 6.5　现场测量株距

图 6.6　滨田水库桑树苗种后约 15d 的情况

图 6.7　滨田水库桑树种植后约 40d 的情况

图 6.8 种后约 4 个半月，在滨田水库查看受淹的桑树

图 6.9 种后约 4 个半月，全部受淹的桑树

图 6.10 水退后地势较高处的桑树

图 6.11 地势较低处全部淹没后出露的桑树

随着滨田水库水位上涨，从 2011 年 6 月 19 日起桑树苗逐渐受淹，当日滨田水库平均水位约为 44.58m，至 2011 年 7 月 14 日水位达到 45.32m，高程较低的桑树苗已淹了 26d，最大淹没深度已达 0.82m，低洼处的部分桑树苗已被库水全部淹没，全部淹没的桑树苗成活率达到 85% 左右。2011 年全年最大淹没深度达 1.26m，连续受淹天数为 47d，全年桑树苗成活率达到 80% 左右。2011 年滨田水库消落带种植区连续淹没情况见表 6.1。

表 6.1 　　　　　　　　 2011 年滨田水库消落带种植区连续淹没情况

日　期	水位 /m	水势	蓄水量 /($10^6 m^3$)	汛限水位 /m	连续淹没 天数/d	最大淹没 深度/m
2011-6-19	44.58	涨	42.30	47.54	1	0.08
2011-6-20	44.74	平	43.40	47.54	2	0.24
2011-6-21	44.83	平	44.20	47.54	3	0.33
2011-6-22	44.88	涨	44.30	47.54	4	0.38

日　期	水位/m	水势	蓄水量/(10^6m³)	汛限水位/m	连续淹没天数/d	最大淹没深度/m
2011－6－23	44.92	平	44.80	48.54	5	0.42
2011－6－24	44.95	平	44.99	48.54	6	0.45
2011－6－25	44.97	平	45.12	48.54	7	0.47
2011－6－26	44.99	平	45.30	48.54	8	0.49
2011－6－27	45.00	平	45.40	48.54	9	0.50
2011－6－28	45.01	平	45.40	48.54	10	0.51
2011－6－29	45.07	涨	45.90	48.54	11	0.57
2011－6－30	45.10	涨	46.10	48.54	12	0.60
2011－7－1	45.12	涨	46.27	48.54	13	0.62
2011－7－2	45.13	落	46.28	48.54	14	0.63
2011－7－3	45.13	平	46.28	48.54	15	0.63
2011－7－4	45.15	落	46.66	48.54	16	0.65
2011－7－5	45.16	涨	46.67	48.54	17	0.66
2011－7－6	45.16	平	46.67	48.54	18	0.66
2011－7－7	45.16	平	46.70	48.54	19	0.66
2011－7－8	45.16	平	46.67	48.54	20	0.66
2011－7－9	45.16	平	46.70	48.54	21	0.66
2011－7－10	45.16	平	46.70	48.54	22	0.66
2011－7－11	45.16	平	46.70	48.54	23	0.66
2011－7－12	45.16	平	46.70	48.54	24	0.66
2011－7－13	45.21	平	47.00	48.54	25	0.71
2011－7－14	45.32	涨	48.11	48.54	26	0.82
2011－7－15	45.42	涨	49.01	48.54	27	0.92
2011－7－16	45.45	涨	49.28	48.54	28	0.95
2011－7－17	45.58	涨	50.50	48.54	29	1.08
2011－7－18	45.62	平	50.80	48.54	30	1.12
2011－7－19	45.69	涨	51.23	48.54	31	1.19
2011－7－20	45.72	涨	51.72	48.54	32	1.22
2011－7－21	45.74	平	51.90	48.54	33	1.24
2011－7－22	45.75	平	52.00	48.54	34	1.25
2011－7－23	45.76	平	52.10	48.54	35	1.26

续表

日　期	水位 /m	水势	蓄水量 /(10^6m³)	汛限水位 /m	连续淹没 天数/d	最大淹没 深度/m
2011-7-24	45.76	平	52.10	48.54	36	1.26
2011-7-25	45.76	平	52.10	48.54	37	1.26
2011-7-26	45.76	涨	52.08	48.54	38	1.26
2011-7-27	45.63	落	50.90	48.54	39	1.13
2011-7-28	45.50	落	49.73	48.54	40	1.00
2011-7-29	45.37	落	48.56	48.54	41	0.87
2011-7-30	45.24	平	47.40	48.54	42	0.74
2011-7-31	45.13	平	46.40	48.54	43	0.63
2011-8-1	45.02	平	45.50	48.54	44	0.52
2011-8-2	44.89	平	44.60	48.54	45	0.39
2011-8-3	44.77	落	43.78	48.54	46	0.27
2011-8-4	44.64	落	42.91	48.54	47	0.14

在经受了 2011 年前期干旱和后期受淹的双重考验后，2012 年的春天，桑树苗成活率达到了 70% 左右。但 2012 年的汛期比往年来得较早，从 2 月底开始就出现连续不断的降雨，水库水位一直维持在较高的水平。滨田水库消落带种植的桑树苗从 2012 年 4 月 26 日起陆续受淹，全年连续受淹天数达到 123d，最大淹没深度达到 2.56m，大部分桑树全部浸泡在水中超过 90d。在桑树最适合成长的季节，消落带种植的桑树苗却连续受淹 4 个多月，没有出露的日子，且淹没深度大，故桑树苗的成活率大大下降，仅达到 40% 左右，且长势较差（图 6.12～图 6.16）。2012 年滨田水库消落带种植区连续淹没情况见表 6.2。

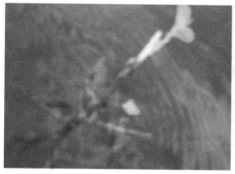

图 6.12　2012 年 7 月 20 日，连续受淹的桑树苗

图 6.13　2012 年 7 月 20 日，高程较高的地方水退后的桑树

图 6.14　2012 年 7 月 20 日，局部
退水成活的桑树

图 6.15　受淹超过 90d 后，出露后
又发新芽的桑树苗

图 6.16　2012 年 7 月，地势较高、
未全部淹没的桑树

表 6.2　　　　　　　　2012 年滨田水库消落带种植区连续淹没情况

日　期	水位 /m	水势	蓄水量 /(10⁶m³)	汛限水位 /m	连续淹没 天数/d	最大淹没 深度/m
2012-4-26	44.67	平	42.90		1	0.17
2012-4-27	44.68	平	43.00		2	0.18
2012-4-28	44.75	平	43.50		3	0.25
2012-4-29	45.25	涨	47.60		4	0.75
2012-4-30	45.63	平	50.90		5	1.13
2012-5-1	45.78	平	52.30		6	1.28
2012-5-2	45.87	平	53.10		7	1.37
2012-5-3	45.89	平	53.30	47.54	8	1.39
2012-5-4	45.96	平	53.90	47.54	9	1.46
2012-5-5	46.03	平	54.50	47.54	10	1.53

日　　期	水位 /m	水势	蓄水量 /(10⁶m³)	汛限水位 /m	连续淹没 天数/d	最大淹没 深度/m
2012－5－6	46.03	平	54.50	47.54	11	1.53
2012－5－7	46.05	平	54.70	47.54	12	1.55
2012－5－8	46.18	平	55.90	47.54	13	1.68
2012－5－9	46.21	平	56.10	47.54	14	1.71
2012－5－10	46.27	平	56.70	47.54	15	1.77
2012－5－11	46.28	平	56.80	47.54	16	1.78
2012－5－12	46.34	平	57.30	47.54	17	1.84
2012－5－13	46.37	平	57.60	47.54	18	1.87
2012－5－14	46.44	平	58.20	47.54	19	1.94
2012－5－15	46.53	平	59.00	47.54	20	2.03
2012－5－16	46.58	平	59.50	47.54	21	2.08
2012－5－17	46.60	平	59.70	47.54	22	2.10
2012－5－18	46.61	平	59.80	47.54	23	2.11
2012－5－19	46.85	涨	61.90	47.54	24	2.35
2012－5－20	46.92	平	62.60	47.54	25	2.42
2012－5－21	46.98	平	63.10	47.54	26	2.48
2012－5－22	46.99	平	63.20	47.54	27	2.49
2012－5－23	47.01	平	63.40	47.54	28	2.51
2012－5－24	47.01	平	63.40	47.54	29	2.51
2012－5－25	47.06	平	63.90	47.54	30	2.56
2012－5－26	47.06	平	63.90	47.54	31	2.56
2012－5－27	47.06	平	63.90	47.54	32	2.56
2012－5－28	47.01	平	63.40	47.54	33	2.51
2012－5－29	46.98	平	63.10	47.54	34	2.48
2012－5－30	47.01	平	63.40	47.54	35	2.51
2012－5－31	47.01	平	63.40	47.54	36	2.51
2012－6－1	46.99	平	63.20	47.54	37	2.49
2012－6－2	46.93	平	62.70	47.54	38	2.43
2012－6－3	46.90	平	62.40	47.54	39	2.40
2012－6－4	46.85	平	61.90	47.54	40	2.35
2012－6－5	46.82	平	61.70	47.54	41	2.32
2012－6－6	46.77	平	61.20	47.54	42	2.27

日　　期	水位 /m	水势	蓄水量 /(10⁶m³)	汛限水位 /m	连续淹没 天数/d	最大淹没 深度/m
2012 - 6 - 7	46.75	平	61.00	47.54	43	2.25
2012 - 6 - 8	46.75	平	61.00	47.54	44	2.25
2012 - 6 - 9	46.75	平	61.00	47.54	45	2.25
2012 - 6 - 10	46.76	平	61.10	47.54	46	2.26
2012 - 6 - 11	46.85	平	61.90	47.54	47	2.35
2012 - 6 - 12	46.84	平	61.90	47.54	48	2.34
2012 - 6 - 13	46.83	平	61.80	47.54	49	2.33
2012 - 6 - 14	46.74	平	60.90	47.54	50	2.24
2012 - 6 - 15	46.69	平	60.50	47.54	51	2.19
2012 - 6 - 16	46.67	平	60.30	47.54	52	2.17
2012 - 6 - 17	46.60	平	59.70	47.54	53	2.10
2012 - 6 - 18	46.61	平	59.80	47.54	54	2.11
2012 - 6 - 19	46.61	平	59.80	47.54	55	2.11
2012 - 6 - 20	46.58	平	59.50	47.54	56	2.08
2012 - 6 - 21	46.50	平	58.80	47.54	57	2.00
2012 - 6 - 22	46.42	平	58.00	47.54	58	1.92
2012 - 6 - 23	46.43	平	58.10	47.54	59	1.93
2012 - 6 - 24	46.44	平	58.20	47.54	60	1.94
2012 - 6 - 25	46.45	平	58.30	47.54	61	1.95
2012 - 6 - 26	46.53	平	59.00	47.54	62	2.03
2012 - 6 - 27	46.58	平	59.50	47.54	63	2.08
2012 - 6 - 28	46.59	平	59.60	47.54	64	2.09
2012 - 6 - 29	46.60	平	59.70	47.54	65	2.10
2012 - 6 - 30	46.61	平	59.80	47.54	66	2.11
2012 - 7 - 1	46.61	平	59.80	47.54	67	2.11
2012 - 7 - 2	46.61	平	59.80	47.54	68	2.11
2012 - 7 - 3	46.61	平	59.80	47.54	69	2.11
2012 - 7 - 4	46.61	平	59.80	47.54	70	2.11
2012 - 7 - 5	46.53	平	59.00	48.54	71	2.03
2012 - 7 - 6	46.51	平	58.90	48.54	72	2.01
2012 - 7 - 7	46.51	平	58.90	48.54	73	2.01
2012 - 7 - 8	46.51	平	58.90	48.54	74	2.01

续表

日 期	水位 /m	水势	蓄水量 /(10⁶m³)	汛限水位 /m	连续淹没 天数/d	最大淹没 深度/m
2012 - 7 - 9	46.44	平	58.20	48.54	75	1.94
2012 - 7 - 10	46.44	平	58.20	48.54	76	1.94
2012 - 7 - 11	46.45	平	58.30	48.54	77	1.95
2012 - 7 - 12	46.43	平	58.10	48.54	78	1.93
2012 - 7 - 13	46.36	平	57.50	48.54	79	1.86
2012 - 7 - 14	46.37	平	57.60	48.54	80	1.87
2012 - 7 - 15	46.37	平	57.60	48.54	81	1.87
2012 - 7 - 16	46.37	平	57.60	48.54	82	1.87
2012 - 7 - 17	46.36	平	57.50	48.54	83	1.86
2012 - 7 - 18	46.42	平	58.00	48.54	84	1.92
2012 - 7 - 19	46.43	平	58.10	48.54	85	1.93
2012 - 7 - 20	46.43	平	58.10	48.54	86	1.93
2012 - 7 - 21	46.43	平	58.10	48.54	87	1.93
2012 - 7 - 22	46.43	平	58.10	48.54	88	1.93
2012 - 7 - 23	46.37	平	57.60	48.54	89	1.87
2012 - 7 - 24	46.28	平	56.80	48.54	90	1.78
2012 - 7 - 25	46.19	平	56.00	48.54	91	1.69
2012 - 7 - 26	46.11	平	55.20	48.54	92	1.61
2012 - 7 - 27	45.96	平	53.90	48.54	93	1.46
2012 - 7 - 28	45.79	平	52.40	48.54	94	1.29
2012 - 7 - 29	45.70	平	51.60	48.54	95	1.20
2012 - 7 - 30	45.62	平	50.90	48.54	96	1.12
2012 - 7 - 31	45.47	平	49.50	48.54	97	0.97
2012 - 8 - 1	45.32	平	48.46	48.54	98	0.82
2012 - 8 - 2	45.22	落	47.30	48.54	99	0.72
2012 - 8 - 3	45.08	平	46.00	48.54	100	0.58
2012 - 8 - 4	45.01	平	45.40	48.54	101	0.51
2012 - 8 - 5	44.93	平	44.80	48.54	102	0.43
2012 - 8 - 6	44.85	平	44.20	48.54	103	0.35
2012 - 8 - 7	44.77	平	43.70	48.54	104	0.27
2012 - 8 - 8	44.76	平	43.60	48.54	105	0.26
2012 - 8 - 9	44.76	平	43.60	48.54	106	0.26
2012 - 8 - 10	45.00	平	45.30	48.54	107	0.50

续表

日 期	水位 /m	水势	蓄水量 /(10⁶m³)	汛限水位 /m	连续淹没 天数/d	最大淹没 深度/m
2012-8-11	45.24	平	47.50	48.54	108	0.74
2012-8-12	45.30	平	48.00	48.54	109	0.80
2012-8-13	45.31	平	48.10	48.54	110	0.81
2012-8-14	45.33	平	48.30	48.54	111	0.83
2012-8-15	45.33	平	48.30	48.54	112	0.83
2012-8-16	45.33	平	48.30	48.54	113	0.83
2012-8-17	45.33	平	48.30	48.54	114	0.83
2012-8-18	45.33	平	48.30	48.54	115	0.83
2012-8-19	45.33	平	48.30	48.54	116	0.83
2012-8-20	45.24	平	47.50	48.54	117	0.74
2012-8-21	45.17	平	46.80	48.54	118	0.67
2012-8-22	45.06	平	45.90	48.54	119	0.56
2012-8-23	44.93	平	44.80	48.54	120	0.43
2012-8-24	44.82	平	44.00	48.54	121	0.32
2012-8-25	44.69	平	43.10	48.54	122	0.19
2012-8-26	44.58	平	42.30	48.54	123	0.08

2013年春天，水位上涨的时间来得更早，桑树苗的新芽都还未发齐时，从3月10日桑树就陆续受淹，且连续受淹达到了172d，将近淹没达6个月之久，最大淹没深度达到了3.23m，全部淹没后的桑树情况见图6.17和图6.18。2013年滨田水库消落带种植区连续淹没情况见表6.3。

图6.17 连续3年在生长期全部
淹没后出露的桑树

图6.18 全部淹没后从根部发芽
的丛生桑树

65

表 6.3　　　　　　　　2013 年滨田水库消落带种植区连续淹没情况

日　期	水位 /m	水势	蓄水量 /(10^6 m³)	汛限水位 /m	连续淹没 天数/d	最大淹没 深度/m
2013 - 3 - 10	44.58	平	42.30		1	0.08
2013 - 3 - 11	44.60	平	42.40		2	0.10
2013 - 3 - 12	44.61	平	42.50		3	0.11
2013 - 3 - 13	44.61	平	42.49		4	0.11
2013 - 3 - 14	44.61	平	42.49		5	0.11
2013 - 3 - 15	44.61	平	42.49		6	0.11
2013 - 3 - 16	44.61	平	42.49		7	0.11
2013 - 3 - 17	44.61	平	42.49		8	0.11
2013 - 3 - 18	44.61	平	42.50		9	0.11
2013 - 3 - 19	44.61	平	42.49		10	0.11
2013 - 3 - 20	44.61	平	42.49		11	0.11
2013 - 3 - 21	44.61	平	42.49		12	0.11
2013 - 3 - 22	44.61	平	42.49		13	0.11
2013 - 3 - 23	44.93	平	44.80		14	0.43
2013 - 3 - 24	44.93	平	44.80		15	0.43
2013 - 3 - 25	44.93	平	44.80		16	0.43
2013 - 3 - 26	44.93	平	44.80		17	0.43
2013 - 3 - 27	45.16	平	46.75		18	0.66
2013 - 3 - 28	45.16	平	46.75		19	0.66
2013 - 3 - 29	45.16	平	46.75		20	0.66
2013 - 3 - 30	45.31	涨	48.10		21	0.81
2013 - 3 - 31	45.30	平	48.00		22	0.80
2013 - 4 - 1	45.31	平	48.10	47.54	23	0.81
2013 - 4 - 2	45.33	平	48.30	47.54	24	0.83
2013 - 4 - 3	45.38	平	48.70	47.54	25	0.88
2013 - 4 - 4	45.38	平	48.70	47.54	26	0.88
2013 - 4 - 5	45.41	平	49.00	47.54	27	0.91
2013 - 4 - 6	45.40	平	49.00	47.54	28	0.90
2013 - 4 - 7	45.47	平	49.52	47.54	29	0.97
2013 - 4 - 8	45.46	平	49.40	47.54	30	0.96
2013 - 4 - 9	45.46	平	49.40	47.54	31	0.96

日　　期	水位/m	水势	蓄水量/(10^6m³)	汛限水位/m	连续淹没天数/d	最大淹没深度/m
2013-4-10	45.46	平	49.40	47.54	32	0.96
2013-4-11	45.47	平	49.50	47.54	33	0.97
2013-4-12	45.47	平	49.50	47.54	34	0.97
2013-4-13	45.48	平	49.60	47.54	35	0.98
2013-4-14	45.48	平	49.60	47.54	36	0.98
2013-4-15	45.48	平	49.60	47.54	37	0.98
2013-5-31	47.16	平	65.00	47.54	83	2.66
2013-6-1	47.09	平	64.20	47.54	84	2.59
2013-6-2	47.16	平	65.00	47.54	85	2.66
2013-6-3	47.17	平	65.10	47.54	86	2.67
2013-6-4	47.14	平	64.80	47.54	87	2.64
2013-6-5	47.09	平	64.20	47.54	88	2.59
2013-6-6	47.07	平	64.00	47.54	89	2.57
2013-6-7	47.24	涨	65.80	47.54	90	2.74
2013-6-8	47.31	平	66.50	47.54	91	2.81
2013-6-9	47.31	平	66.50	47.54	92	2.81
2013-6-10	47.25	平	65.90	47.54	93	2.75
2013-6-11	47.23	平	65.70	47.54	94	2.73
2013-6-12	47.23	平	65.70	47.54	95	2.73
2013-6-13	47.16	平	65.00	47.54	96	2.66
2013-6-14	47.14	平	64.80	47.54	97	2.64
2013-6-15	47.14	平	64.80	47.54	98	2.64
2013-6-16	47.15	平	64.90	47.54	99	2.65
2013-6-17	47.14	平	64.80	47.54	100	2.64
2013-6-18	47.07	平	64.00	47.54	101	2.57
2013-6-19	47.00	平	63.30	47.54	102	2.50
2013-6-20	46.99	平	63.20	47.54	103	2.49
2013-6-21	46.91	平	62.50	47.54	104	2.41
2013-6-22	46.91	平	62.50	47.54	105	2.41
2013-6-23	46.85	平	61.90	47.54	106	2.35

日　期	水位 /m	水势	蓄水量 /(10⁶m³)	汛限水位 /m	连续淹没 天数/d	最大淹没 深度/m
2013 - 6 - 24	46.82	平	61.70	47.54	107	2.32
2013 - 6 - 25	46.74	平	60.90	47.54	108	2.24
2013 - 6 - 26	46.75	平	61.00	47.54	109	2.25
2013 - 6 - 27	47.31	平	66.50	47.54	110	2.81
2013 - 6 - 28	47.54	平	68.90	47.54	111	3.04
2013 - 6 - 29	47.64	平	69.90	47.54	112	3.14
2013 - 6 - 30	47.64	平	69.90	47.54	113	3.14
2013 - 7 - 1	47.65	平	70.00	48.54	114	3.15
2013 - 7 - 2	47.70	平	70.50	48.54	115	3.20
2013 - 7 - 3	47.70	平	70.50	48.54	116	3.20
2013 - 7 - 4	47.71	平	70.70	48.54	117	3.21
2013 - 7 - 5	47.71	平	70.70	48.54	118	3.21
2013 - 7 - 7	47.73	平	70.90	48.54	119	3.23
2013 - 7 - 8	47.73	平	70.90	48.54	120	3.23
2013 - 7 - 9	47.73	平	70.90	48.54	121	3.23
2013 - 7 - 10	47.73	平	70.90	48.54	122	3.23
2013 - 7 - 11	47.72	平	70.80	48.54	123	3.22
2013 - 7 - 12	47.65	平	70.00	48.54	124	3.15
2013 - 7 - 13	47.57	平	69.20	48.54	125	3.07
2013 - 7 - 14	47.49	平	68.40	48.54	126	2.99
2013 - 7 - 15	47.46	平	68.10	48.54	127	2.96
2013 - 7 - 16	47.54	平	68.90	48.54	128	3.04
2013 - 7 - 17	47.54	平	68.90	48.54	129	3.04
2013 - 7 - 18	47.55	平	69.00	48.54	130	3.05
2013 - 7 - 19	47.55	平	69.00	48.54	131	3.05
2013 - 7 - 20	47.55	平	69.83	48.54	132	3.05
2013 - 7 - 21	47.63	平	69.80	48.54	133	3.13
2013 - 7 - 22	47.65	平	70.00	48.54	134	3.15
2013 - 7 - 23	47.65	平	70.00	48.54	135	3.15
2013 - 7 - 24	47.65	平	70.00	48.54	136	3.15

续表

日　期	水位 /m	水势	蓄水量 /(10⁶m³)	汛限水位 /m	连续淹没 天数/d	最大淹没 深度/m
2013-7-25	47.64	平	69.90	48.54	137	3.14
2013-7-26	47.55	平	69.00	48.54	138	3.05
2013-7-27	47.46	平	68.10	48.54	139	2.96
2013-7-28	47.31	平	66.50	48.54	140	2.81
2013-7-29	47.17	平	65.10	48.54	141	2.67
2013-7-30	47.08	平	64.10	48.54	142	2.58
2013-7-31	47.00	平	63.30	48.54	143	2.50
2013-8-1	46.83	平	61.80	48.54	144	2.33
2013-8-2	46.69	平	60.50	48.54	145	2.19
2013-8-3	46.60	平	59.70	48.54	146	2.10
2013-8-4	46.50	平	58.80	48.54	147	2.00
2013-8-5	46.44	落	58.20	48.54	148	1.94
2013-8-6	46.35	落	57.40	48.54	149	1.85
2013-8-7	46.27	平	56.70	48.54	150	1.77
2013-8-8	46.18	平	55.90	48.54	151	1.68
2013-8-9	46.11	平	55.20	48.54	152	1.61
2013-8-10	45.97	平	54.00	48.54	153	1.47
2013-8-11	45.88	平	53.20	48.54	154	1.38
2013-8-12	45.79	平	52.40	48.54	155	1.29
2013-8-13	45.79	平	52.40	48.54	156	1.29
2013-8-14	45.78	平	52.30	48.54	157	1.28
2013-8-15	45.78	平	52.30	48.54	158	1.28
2013-8-16	45.78	平	52.30	48.54	159	1.28
2013-8-17	45.79	平	52.40	48.54	160	1.29
2013-8-18	45.79	平	52.40	48.54	161	1.29
2013-8-19	45.72	平	51.70	48.54	162	1.22
2013-8-20	45.65	平	51.10	48.54	163	1.15
2013-8-21	45.55	平	50.20	48.54	164	1.05
2013-8-22	45.41	平	49.00	48.54	165	0.91
2013-8-23	45.30	平	48.00	48.54	166	0.80

续表

日　　期	水位/m	水势	蓄水量/(10⁶m³)	汛限水位/m	连续淹没天数/d	最大淹没深度/m
2013 - 8 - 24	45.17	平	46.80	48.54	167	0.67
2013 - 8 - 25	45.06	平	45.90	48.54	168	0.56
2013 - 8 - 26	44.93	平	44.80	48.54	169	0.43
2013 - 8 - 27	44.83	平	44.10	48.54	170	0.33
2013 - 8 - 28	44.68	平	43.00	48.54	171	0.18
2013 - 8 - 29	44.58	平	42.30	48.54	172	0.08

　　3年来，桑树苗都是在最适合生长的季节里连续受淹，且受淹时间长，深度大，土壤排水条件差，再加土地贫瘠，至2014年6月，滨田水库消落带的桑树成活率大大下降，约为0.5%（图6.19～图6.22）。2014年滨田水库消落带种植区连续淹没情况见表6.4。

图 6.19　2014 年 6 月，受淹 3 年后
死亡的桑树

图 6.20　受淹 3 年后桑树成
活率约为 0.5%

图 6.21　受淹 3 年后从根部发芽的丛生桑树

图 6.22　受淹 3 年后幸存的桑树

表 6.4　　2014 年滨田水库消落带种植区连续淹没情况（截至 5 月 30 日）

日　期	水位/m	水势	蓄水量/(10^6 m³)	汛限水位/m	连续淹没天数/d	最大淹没深度/m
2014－5－18	44.69	平	43.10	47.54	1	0.19
2014－5－19	44.77	平	43.70	47.54	2	0.27
2014－5－20	44.85	平	44.20	47.54	3	0.35
2014－5－21	44.91	平	44.70	47.54	4	0.41
2014－5－22	44.98	平	45.20	47.54	5	0.48
2014－5－23	45.01	平	45.40	47.54	6	0.51
2014－5－24	45.07	平	46.00	47.54	7	0.57
2014－5－25	45.08	平	46.00	47.54	8	0.58
2014－5－26	45.16	平	46.80	47.54	9	0.66
2014－5－27	45.22	平	47.30	47.54	10	0.72
2014－5－28	45.25	平	47.60	47.54	11	0.75
2014－5－29	45.24	平	47.50	47.54	12	0.74
2014－5－30	45.30	平	48.00	47.54	13	0.80

6.1.2　滨田水库消落带应用小结

滨田水库消落带桑树种植 3 年多以来，其淹没情况（淹没天数、最大淹没深度、年底成活率）汇总见表 6.5。

表 6.5　　　　　　　　　滨田水库消落带桑树种植淹没情况汇总

年份	淹没天数/d	最大淹没深度/m	年底成活率/％
2011	47	1.26	70
2012	123	2.56	40
2013	172	3.23	0.5

6.2　鄱阳新塘村山塘边坡应用示范

滨田水库消落带附近有个新塘村山塘，其地势比较高，为了对比不同高程、不同土质桑树的成长情况，本书项目组成员同期在滨田水库消落带附近高程较高的新塘村山塘的上游坡、下游坡也种植了一片桑树，该山塘处于地势较高几乎不会被水淹的区域内。山塘为新塘村居民所有，水面面积约为 3 亩，山塘里面常年养鱼，山塘边坡土质主要为风化的砂岩夹块石，山塘边坡水土流失严重，这种土质对粮食作物来说，生长情况较差，甚至不能生存（图 6.23 和图 6.24）。

图 6.23   山塘边坡风化的砂岩，
水土流失严重

图 6.24   山塘边坡风化砂岩夹块石土质

6.2.1   新塘村山塘边坡桑树成长情况

在新塘村山塘边坡种植桑树时，只是用锹挖一个小洞，把树苗放下去，然后再回填土即可，并没有做其他多余的翻地工作。

2011—2013 年，因为桑树几乎未受水淹，桑树成活率达到了 99%，且长势良好，高约 1.9m。居民每年在山塘里都放养了鱼苗，且养殖了 400 头左右的猪。桑树成活后，居民每年多次采摘桑叶用来喂养鱼和家畜。据居民反应，鱼非常喜欢以桑叶为饲料，桑叶每年采摘多次，越采长势越好，叶片越来越大（图 6.25 和图 6.26）。桑叶作为鱼的饲料每年都有剩余，剩余的桑叶用来喂养家畜，现在该户居民几乎不再用其他饲料，仅养鱼每年净收入就达 2 万多元，收入增加明显。本书项目组成员 2014 年 6 月考察该片桑树时，桑树扦插成活率最低可以达到 70%，居民用扦插的方式来扩大桑树的种植面积，增加了养猪的饲料来源，减少了养殖成本。

图 6.25   新塘村山塘上下游边
培育成功的桑树

图 6.26   多次采摘后桑叶叶面比普通
桑树叶面大约 1 倍

6.2.2　新塘村山塘边坡应用小结

从桑树在新塘村山塘边坡 3 年来的成长情况可以看出，桑树的繁殖能力极强，只要把树苗种植下去，并不需要其他的管理工作，其成活率仍高达 99%。而且桑树对土壤的适应性很强，不一定要在肥沃、平整的土地里才能生存，即便在那些不适宜粮食作物生长的岸坡，也能够轻松地成长，且长势良好。据报道，桑树在砂壤土、黏质土以及含盐量在 0.2% 以下的轻度盐碱地里都能生长。居民用桑叶喂养鱼的实践经验证明，桑树具有良好的经济效益。

综上所述，如果在地势较高、水不会长期淹没的岸坡种植桑树，其成活率将会大大提高，且生长情况良好，并不需要占用大量的土地就能获得良好的经济效益。

6.3　龙门口水库消落带应用示范

龙门口水库位于江西省新余市渝水区南安乡丰洲村委洲上村境内，距新余市区 45km，坝址以上集雨面积为 13.9km^2，水库总库容 1391 万 m^3，是一座以灌溉为主，兼有防洪、养殖、供水等综合效益的中型水库。水库死水位为 68.60m，正常蓄水位为 80.60m，50 年一遇设计水位为 81.59m，1000 年一遇校核水位为 82.31m。据地质勘查揭露，库内为低山丘陵地形，河谷两岸基岩多裸露，河谷开阔，山坡植被较好。坝址区上部为含砂低液限黏土，下部为泥质半胶结砂卵石。水库消落带大部分长满了杂树、杂草，高程较低的消落带区域则荒芜（图 6.27）。为充分利用水库消落带，并修复其生态功能，本书项目组成员选择了龙门口水库的消落带作为试验点。

图 6.27　新余龙门口水库消落带种植桑树前的概貌

6.3.1　龙门口水库消落带桑树成长情况

龙门口水库消落带桑树种植开始于 2011 年 3 月 20 日，3 月 22 日种植完成。经过一个汛期，到 2012 年 4 月，龙门口水库消落带地势较高、长势较好的桑树部分已高达 1.8m 左右，而地势较低的地方，桑树成活率达到了 50%（图 6.28～图 6.33）。

图 6.28　龙门口水库消落带种植现场

图 6.29　种植后约 2 个月未被淹没的桑苗

图 6.30　2011 年 10 月 26 日，地势较高淹没时间短的桑树

图 6.31　2011 年 10 月 26 日，地势较低淹没时间较长的桑树

图 6.32　2012 年 4 月，地势较高长势较好的桑树

图 6.33　2012 年 4 月，地势较低的地方桑树成活率达到了 50%

　　2012 年春天，本书项目组成员尝试把扦插成活的桑树苗移植到龙门口水库消落带种植。2012 年 4 月 10 日，从江西南昌试验地取苗 17000 棵运到龙门口水库消落带种植，但是当晚新余就下了大暴雨，随后几天也均有雨，水库水位上涨较快，移栽的树苗全部被淹。4—5 月龙门口水库的水位测站出现故障，无数据或者数据异常，故 2012 年龙门口水库并没有准确地统计到水位、淹没天数和淹没深度等情况，据水库管理站的技术人员反映，从 4 月中旬至 8 月底，树苗一直连续处在全淹状态下，一直未出露过，移栽后的树苗在根都未长稳的情况下，就全部夭折。2013 年全年，龙门口水库水位一直较高，故从 2013 年 2 月开始至 9 月 15 日，地势较低的树苗一直连续处在水全淹的状态下，一直未出露过，只有极少部分地势较高的地方出露。

　　经过了 2011 年、2012 年、2013 年 3 年汛期连续长时间、高深度的淹没，龙门口水库消落带的桑树几乎全部死亡（图 6.34～图 6.39）。2011—2013 年龙门口水库消落带种植区连续淹没情况见表 6.6～表 6.8。

图 6.34　2011 年 7 月 10 日扦插的
桑树苗

图 6.35　2012 年 4 月 10 日，扦插苗圃
地里取桑树苗

图 6.36　2012 年 4 月 10 日，龙门口水库
移栽扦插桑树苗的现场

图 6.37　2012 年 7 月 30 日，
桑树苗全淹

图 6.38　2013 年 3 月 27 日，
地势较高的桑树苗

图 6.39　经过 2012 年长时间的淹没，
2013 年死亡的桑树苗

表 6.6　　　　　　　　2011 年龙门口水库消落带种植区连续淹没情况表

日　　期	水位/m	连续淹没天数/d	最大淹没深度/m
2011 - 4 - 10	76.00	1	0
2011 - 4 - 12	76.01	2	0.01
2011 - 4 - 14	76.02	3	0.02
2011 - 4 - 16	76.06	4	0.06
2011 - 4 - 17	76.09	5	0.09
2011 - 4 - 18	76.10	6	0.1
2011 - 4 - 21	76.10	7	0.1
2011 - 4 - 22	76.10	8	0.1
2011 - 4 - 23	76.09	9	0.09
2011 - 4 - 24	76.07	10	0.07
2011 - 4 - 25	76.03	11	0.03
2011 - 4 - 26	76.00	12	0
2011 - 6 - 15	76.08	13	0.08
2011 - 6 - 16	76.16	14	0.16
2011 - 6 - 17	76.21	15	0.21
2011 - 6 - 18	76.25	16	0.25
2011 - 6 - 19	76.28	17	0.28
2011 - 6 - 20	76.29	18	0.29
2011 - 6 - 21	76.31	19	0.31
2011 - 6 - 22	76.32	20	0.32
2011 - 6 - 24	76.33	21	0.33

续表

日　期	水位/m	连续淹没天数/d	最大淹没深度/m
2011 - 6 - 26	76.34	22	0.34
2011 - 6 - 28	76.35	23	0.35
2011 - 7 - 1	76.36	24	0.36
2011 - 7 - 2	76.36	25	0.36
2011 - 7 - 3	76.36	26	0.36
2011 - 7 - 4	76.34	27	0.34
2011 - 7 - 5	76.32	28	0.32
2011 - 7 - 6	76.30	29	0.30
2011 - 7 - 7	76.18	30	0.18
2011 - 7 - 8	76.06	31	0.06
2011 - 7 - 9	76.00	32	0
2011 - 7 - 12	76.09	33	0.09
2011 - 7 - 13	76.16	34	0.16
2011 - 7 - 14	76.25	35	0.25
2011 - 7 - 15	76.28	36	0.28
2011 - 7 - 16	76.29	37	0.29
2011 - 7 - 17	76.30	38	0.30
2011 - 7 - 18	76.31	39	0.31
2011 - 7 - 19	76.33	40	0.33
2011 - 7 - 20	76.33	41	0.33
2011 - 7 - 21	76.32	42	0.32
2011 - 7 - 22	76.26	43	0.26
2011 - 7 - 23	76.14	44	0.14

注　4月10日前无数据，5月至6月15日前也没有数据，且不是连续每天都有数据；6月15日后数据不连续；7月10—11日、7月23日后无数据。

表 6.7　　　　　2012 年龙门口水库消落带种植区连续淹没情况表

日　期	水位/m	连续淹没天数/d	最大淹没深度/m
2012 - 3 - 12	74.15		
2012 - 5 - 14	113.35		
2012 - 5 - 15	113.43		
2012 - 5 - 16	113.49		
2012 - 5 - 17	113.52		

续表

日　期	水位/m	连续淹没天数/d	最大淹没深度/m
2012－5－18	113.55		
2012－5－19	113.57		
2012－5－20	113.59		
2012－5－21	113.61		
2012－5－22	113.62		
2012－5－29	127.30		
2012－5－30	79.13	1	3.13
2012－5－31	79.15	2	3.15
2012－6－1	79.19	3	3.19
2012－6－2	79.25	4	3.25
2012－6－3	79.27	5	3.27
2012－6－4	79.29	6	3.29
2012－6－5	79.33	7	3.33
2012－6－6	79.38	8	3.38
2012－6－7	79.43	9	3.43
2012－6－8	79.46	10	3.46
2012－6－9	79.50	11	3.50
2012－6－10	79.60	12	3.60
2012－6－11	79.68	13	3.68
2012－6－12	79.72	14	3.72
2012－6－13	79.74	15	3.74
2012－6－14	79.76	16	3.76
2012－6－15	79.78	17	3.78
2012－6－16	79.81	18	3.81
2012－6－17	79.92	19	3.92
2012－6－18	79.98	20	3.98
2012－6－19	80.00	21	4.00
2012－6－20	80.01	22	4.01
2012－6－21	80.03	23	4.03
2012－6－22	80.14	24	4.14
2012－6－23	80.21	25	4.21
2012－6－24	80.25	26	4.25

续表

日　期	水位/m	连续淹没天数/d	最大淹没深度/m
2012 - 6 - 25	80.27	27	4.27
2012 - 6 - 26	80.29	28	4.29
2012 - 6 - 27	80.31	29	4.31
2012 - 6 - 28	80.32	30	4.32
2012 - 6 - 29	80.34	31	4.34
2012 - 6 - 30	80.35	32	4.35
2012 - 7 - 1	80.35	33	4.35
2012 - 7 - 2	80.35	34	4.35
2012 - 7 - 3	80.35	35	4.35
2012 - 7 - 4	80.35	36	4.35
2012 - 7 - 5	80.33	37	4.33
2012 - 7 - 6	80.30	38	4.30
2012 - 7 - 7	80.27	39	4.27
2012 - 7 - 8	80.23	40	4.23
2012 - 7 - 9	80.16	41	4.16
2012 - 7 - 10	80.07	42	4.07
2012 - 7 - 11	80.02	43	4.02
2012 - 7 - 12	79.92	44	3.92
2012 - 7 - 13	79.83	45	3.83
2012 - 7 - 14	79.75	46	3.75
2012 - 7 - 15	79.68	47	3.68

注　3月12日前无数据，3月13日至5月13日无数据，6月数据异常，7月15日后无数据，且不是连续每天都有数据。

表 6.8　　　　　**2013 年龙门口水库消落带种植区连续淹没情况表**

日　期	水位/m	连续淹没天数/d	最大淹没深度/m	备　注
2013 - 2 - 23	77.14	1	1.14	
2013 - 2 - 25	77.15	2	1.15	
2013 - 3 - 1	77.29	3	1.29	
2013 - 3 - 2	77.31	4	1.31	
2013 - 3 - 3	77.33	5	1.33	
2013 - 3 - 5	77.34	6	1.34	
2013 - 3 - 8	77.35	7	1.35	

续表

日　　期	水位/m	连续淹没天数/d	最大淹没深度/m	备　　注
2013－3－9	77.36	8	1.36	
2013－3－13	77.36	9	1.36	
2013－3－16	77.37	10	1.37	
2013－3－17	77.48	11	1.48	
2013－3－18	77.52	12	1.52	
2013－3－19	77.65	13	1.65	
2013－3－20	77.73	14	1.73	
2013－3－21	77.75	15	1.75	
2013－3－22	77.79	16	1.79	
2013－3－23	77.85	17	1.85	
2013－3－24	77.92	18	1.92	
2013－3－25	77.98	19	1.98	
2013－3－26	78.13	20	2.13	
2013－3－27	78.18	21	2.18	
2013－3－28	78.21	22	2.21	
2013－3－30	78.24	23	2.24	
2013－3－30	78.26	24	2.26	
2013－3－31	78.28	25	2.28	
2013－4－1	78.30	26	2.30	
2013－4－2	78.32	27	2.32	
2013－4－3	78.34	28	2.34	
2013－4－4	78.43	29	2.43	
2013－4－5	78.51	30	2.51	
2013－4－6	78.56	31	2.56	
2013－4－7	78.58	32	2.58	
2013－4－8	78.59	33	2.59	
2013－4－9	78.60	34	2.60	
2013－4－10	78.61	35	2.61	
2013－4－12	78.62	36	2.62	
2013－4－18	78.63	37	2.63	
2013－4－19	78.64	38	2.64	
2013－4－20	78.66	39	2.66	
2013－4－22	78.69	40	2.69	

续表

日　　期	水位/m	连续淹没天数/d	最大淹没深度/m	备　　注
2013－4－24	78.78	41	2.78	
2013－4－25	78.80	42	2.80	
2013－4－26	78.81	43	2.81	
2013－4－27	78.82	44	2.82	
2013－4－28	78.82	45	2.82	
2013－4－29	78.82	46	2.82	
2013－4－30	78.83	47	2.83	
2013－5－1	78.84	48	2.84	
2013－5－7	78.85	49	2.85	
2013－5－8	79.03	50	3.03	
2013－5－9	79.08	51	3.08	
2013－5－10	79.10	52	3.10	
2013－5－15	79.24	53	3.24	
2013－5－16	79.26	54	3.26	
2013－5－17	79.29	55	3.29	
2013－5－18	79.35	56	3.35	
2013－5－19	79.40	57	3.40	
2013－5－20	79.42	58	3.42	
2013－5－21	79.44	59	3.44	
2013－5－23	79.45	60	3.45	
2013－5－24	79.46	61	3.46	
2013－5－25	79.49	62	3.49	
2013－5－26	79.48	63	3.48	
2013－5－27	79.54	64	3.54	
2013－5－28	79.54	65	3.54	
2013－5－29	79.56	66	3.56	
2013－5－30	79.58	67	3.58	
2013－5－31	79.60	68	3.60	
2013－6－1	79.65	69	3.65	
2013－6－2	79.73	70	3.73	
2013－6－4	79.73	71	3.73	
2013－6－5	79.72	72	3.72	
2013－6－6	79.72	73	3.72	

日　期	水位/m	连续淹没天数/d	最大淹没深度/m	备　注
2013-6-7	79.69	74	3.69	
2013-6-8	79.66	75	3.66	
2013-6-9	79.62	76.00	3.62	
2013-6-10	79.56	77	3.56	
2013-6-11	79.55	78	3.55	
2013-6-12	79.56	79	3.56	
2013-6-13	79.55	80	3.55	
2013-6-14	79.54	81	3.54	
2013-6-15	79.62	82	3.62	
2013-6-16	79.65	83	3.65	
2013-6-18	79.64	84	3.64	
2013-6-19	79.62	85	3.62	
2013-6-20	79.62	86	3.62	
2013-6-21	79.61	87	3.61	
2013-6-22	79.61	88	3.61	
2013-6-23	79.60	89	3.60	
2013-6-24	79.59	90	3.59	
2013-6-25	79.58	91	3.58	
2013-6-26	79.56	92	3.56	
2013-6-27	79.50	93	3.50	
2013-6-28	79.68	94	3.68	
2013-6-29	79.74	95	3.74	
2013-6-30	79.77	96	3.77	
2013-7-1	79.77	97	3.77	
2013-7-2	79.76	98	3.76	
2013-7-3	79.75	99	3.75	
2013-7-4	79.74	100	3.74	
2013-7-5	79.73	101	3.73	
2013-7-6	79.70	102	3.70	
2013-7-7	79.70	103	3.70	
2013-7-8	79.68	104	3.68	
2013-7-9	79.67	105	3.67	
2013-7-10	79.64	106	3.64	

续表

日 期	水位/m	连续淹没天数/d	最大淹没深度/m	备 注
2013－7－11	79.57	107	3.57	
2013－7－12	79.53	108	3.53	
2013－7－13	79.44	109	3.44	
2013－7－14	79.44	110	3.44	
2013－7－15	79.49	111	3.49	
2013－7－16	79.48	112	3.48	
2013－7－17	79.43	113	3.43	
2013－7－18	79.36	114	3.36	
2013－7－19	79.30	115	3.30	
2013－7－20	79.23	116	3.23	
2013－7－21	79.16	117	3.16	
2013－7－22	79.12	118	3.12	
2013－7－23	79.05	119	3.05	
2013－7－24	78.98	120	2.98	
2013－7－25	78.88	121	2.88	
2013－7－26	78.82	122	2.82	
2013－7－27	78.71	123	2.71	
2013－7－28	78.61	124	2.61	
2013－7－29	78.53	125	2.53	
2013－7－30	78.44	126	2.44	
2013－7－31	78.34	127	2.34	
2013－8－1	78.23	128	2.23	
2013－8－2	78.13	129	2.13	
2013－8－3	78.02	130	2.02	
2013－8－4	77.93	131	1.93	
2013－8－5	77.81	132	1.81	
2013－8－6	77.69	133	1.69	
2013－8－7	77.59	134	1.59	
2013－8－8	77.50	135	1.5	
2013－8－9	77.37	136	1.37	
2013－8－10	77.27	137	1.27	
2013－8－11	77.15	138	1.15	
2013－8－12	77.00	139	1.00	

续表

日　期	水位/m	连续淹没天数/d	最大淹没深度/m	备　注
2013 - 8 - 13	76.87	140	0.87	
2013 - 8 - 14	76.76	141	0.76	
2013 - 8 - 15	76.68	142	0.68	
2013 - 8 - 16	76.55	143	0.55	
2013 - 8 - 17	76.44	144	0.44	
2013 - 8 - 18	76.34	145	0.34	
2013 - 8 - 19	76.29	146	0.29	
2013 - 8 - 20	76.27	147	0.27	
2013 - 8 - 21	76.25	148	0.25	
2013 - 8 - 22	76.28	149	0.28	
2013 - 8 - 23	76.40	150	0.40	
2013 - 8 - 24	76.42	151	0.42	
2013 - 8 - 25	76.40	152	0.40	
2013 - 8 - 26	76.41	153	0.41	
2013 - 8 - 28	76.40	154	0.40	
2013 - 8 - 29	76.39	155	0.39	
2013 - 8 - 30	76.38	156	0.38	
2013 - 8 - 31	76.36	157	0.36	
2013 - 9 - 1	76.33	158	0.33	
2013 - 9 - 2	76.31	159	0.31	
2013 - 9 - 3	76.28	160	0.28	
2013 - 9 - 4	76.25	161	0.25	
2013 - 9 - 5	76.22	162	0.22	
2013 - 9 - 7	76.18	163	0.18	
2013 - 9 - 8	76.16	164	0.16	
2013 - 9 - 9	76.14	165	0.14	
2013 - 9 - 10	76.13	166	0.13	
2013 - 9 - 11	76.12	167	0.12	
2013 - 9 - 12	76.10	168	0.10	
2013 - 9 - 13	76.09	169	0.09	
2013 - 9 - 13	76.08	170	0.08	
2013 - 9 - 14	76.07	171	0.07	
2013 - 9 - 15	76.00	172	0	

注　1 月至 2 月 23 日前无数据，且不是连续每天都有数据。

6.3.2 龙门口水库消落带应用小结

2011—2013 年龙门口水库消落带桑树种植淹没情况（淹没天数、最大淹没深度、年底成活率）见表 6.9。因为龙门口水库水位测站部分数据有问题，故其淹没天数、淹没深度并没有完全反映桑树淹没的真实情况，表 6.9 统计的只是有效数据。

表 6.9　　　　**2011—2013 年龙门口水库消落带桑树种植淹没情况汇总**

年　份	淹没天数/d	最大淹没深度/m	年底成活率/%
2011	44	0.36	60
2012	47	4.35	20
2013	172	3.77	全部死亡

6.4　南昌塔城鄱阳湖湿地应用示范

为了研究桑树在鄱阳湖湿地的生长情况，2011 年 3 月底本书项目组在江西南昌塔城鄱阳湖湿地种下了桑树。塔城乡位于南昌市东南 25km，坐落于鄱阳湖流域青岚湖畔，碧波浩瀚的青岚湖环绕全乡，奔流不息的抚河穿境而过，抚河长乐圩堤塔城段长约 12km。塔城乡辖 10 个行政村、1 个居委会，常住人口 3.6 万，辖区总面积为 76km²，耕地面积为 3.3 万多亩，其中，基本农田 2 万亩，一般农田 1.3 万余亩，旱地 8000 余亩，山地 5000 多亩，其他均为湖、塘水面。水质清澈，空气清新，物产丰富，素有"鱼美之乡"的美誉。

6.4.1 塔城鄱阳湖湿地桑树成长情况

由于塔城乡湖面、塘面水面面积较大，本书项目组在地势较低的地方找到了一块土质较肥沃的湿地作为试验地，种植时也是仅进行了简单的翻松工作，考虑到排水问题，对湿地进行了分块。

桑树种植后自然生长，经本书项目组成员 3 年多来跟踪观察，桑树苗种植后约 40d（2011 年 5 月 4 日），成活率达到了 98%。2013 年 1 月，桑树苗成活率达到了 98%，全部均长势较好，高约 1.7m。2014 年 6 月，桑树苗成活率约为 98%，长势较好，部分已高达 2.2m，少数几株被水浸泡出露后，从根茎部也长出了丛生桑树（图 6.40～图 6.44）。

6.4.2 塔城鄱阳湖湿地种植情况小结

塔城鄱阳湖湿地种植 3 年多来，因为没有受到洪水的干扰，从成活到生长，

图 6.40　种植后约 40d，桑树苗
成活率达到了 98％

图 6.41　2013 年 1 月，桑树苗长势较好

图 6.42　2014 年 6 月，桑树苗长势较好

图 6.43　2014 年 6 月，部分桑树苗
已高达 2.2m

图 6.44　2014 年 6 月，被水浸泡出露后的丛生桑树

一直长势喜人，且没有出现病虫害等问题，成活率达到了 98％。第一年长到
约 1.5m，到 2014 年 6 月大部分已高达 2.2m，生态修复效果明显。

6.5　应用示范情况总结及原因分析

6.5.1　情况总结

从 2011 年 3 月至 2014 年 6 月底，桑树苗种植已经 3 年多，经过 3 年多的实践应用，得出的主要结论如下。

（1）淹没水深与成活率的关系：只要淹没深度不超过 1.5m，淹没天数不超过 50d，桑树的成活率将达到 70%。淹没水深与成活率的初步结论详见表 6.10。

表 6.10　　　　　　　　　　淹没水深与成活率的初步结论

连续淹没天数/d	淹没深度/m	成活率/%
50	1.5	70
120	2.5	40
≥150	3.0	0

（2）耐旱性：桑树具有一定的耐旱性能，在一直未降雨的情况下，约能存活 60d，甚至更久，成活率能达到 85%～90%。

（3）耐淹性：以滨田水库为例，2011 年 3 月 26 日至 6 月 19 日，本书项目组成员栽种的桑树才成活约 83d，就连续受水淹没达 47 天，最大淹没深度达 1.26m，成活率达到了约 80%；2012 年从 4 月 26 日就陆续受淹直到 8 月 26 日，高程最低处的桑树才出露，全年连续受淹天数达到 123d，最大淹没深度达到 2.56m，地势稍高的桑树也被淹没超过 90d，幼树期的桑树成活率也达到了约 40%。如果只是短时期受淹（如 2 个月左右），受淹后又间隔地出露，出露后只要根系完好，加上排水条件尚好的话，桑树能从根茎部或者根蘖部分发芽成活，形成丛生桑树，成活率会大大提高。故 1 年生的桑树具有一定的耐淹性。如果是壮树（成树）受淹，其成活率应该会大幅度提高。

（4）桑树的繁殖能力、土壤的适应性均很强，多年生的桑树经济效果显著，只要是在幼树期成功存活、没有受到长时间连续淹没、浸泡一段时间又会出露的地方，桑树的成活率较高，长势也会较好。如山塘边、岸坡上，只要排水条件稍好，根系不长期浸泡在水中，即使是在土壤贫瘠、不适宜粮食作物生长的地方，也能够轻松地成长，且长势良好，不一定要在肥沃、平整的土地里才能生存。改良桑树非常适合作为鱼和家畜的饲料，适口性较好，营养较丰富，鱼和家畜生长速度加快，经济效果非常明显。桑叶和嫩枝一年可以多次采摘，生长期食用不完的新鲜桑叶经过简单加工晒干后，可以很好地储存起来，以便在桑树的落叶时期（如 11 月至次年 2 月）内作为家畜饲料。

（5）在鄱阳湖湿地，桑树能很好地成活与生长，幼树期一年能长到约 1.5m，塔城湿地成活率达到了 98％，长势喜人。

（6）桑树长期深度没顶或者连续在最适宜的生长季节里被淹没以及在排水效果差、杂草众生的冷浆土里成活率大大下降，幸存下来的也长势较差。

6.5.2　原因分析

对比鄱阳县滨田水库、新塘村山塘边坡、龙门口水库消落带和塔城鄱阳湖湿地 3 年的桑树成长情况可以看出，在水库消落带因种植点高程太低，长年受淹，桑树的成长情况并不好，而没有长期受淹的山塘边坡、鄱阳湖湿地却长势良好，主要原因如下。

（1）水库消落带种植点地势较低，排水条件太差，大部分为冷浆土。在江西水库消落带种植桑树，因其最适宜的生长期与汛期同时出现，且淹没时间长，淹没深度大，这是桑树成长中的瓶颈之一。所以必须选择高程较高，不会长期受水淹没的消落带，且排水条件尚好，如山坡、岸坡、湖（库）岸带等一些不适宜粮食作物生长或者其他植物不能很好成长的地方，不一定要选择肥沃、平整的土地，这样既能节约土地，又能产生较好的生态效益和经济效益。

（2）桑树还处在幼树期，耐淹程度相对较弱。按桑树生长期特点，本书项目组成员栽种的桑树还处在幼树期，3 年来生长期实际为 2 年，而 2 年的时间里都是在桑树最适宜生长的季节里遭遇了长时间、较高的淹没深度，桑树苗成长条件恶劣，没有得到充分的成长。幼树期的桑树在根系还未长牢、还未发达的情况下，前期成活率较高，后期在生长过程中因多年连续受洪水干扰，生长较困难，会逐渐死亡，故洪水干扰是桑树幼树期成活的最大瓶颈。

水库消落带淹没时间集中在 4—8 月，淹水时期处于桑树发芽、生长旺盛期，水分胁迫将严重抑制桑树新生组织及细胞的生长，长时间连续的养分供应不足，必然降低体内碳水化合物的利用，加速植物体内营养物质的消耗，加之植物体处在生长旺盛期，强烈的呼吸作用所产生的有害物质的积累，导致试验区桑树在浸水地带无法正常生长并大量死亡。张建军等在"长江三峡水库消落带桑树耐水淹试验"研究中发现长江三峡水库消落带的桑树具有很强的耐水淹性，多年生桑树在水淹 10m 以上，淹浸超过 200d 后仍能存活，1 年生桑树淹浸 150d 以下也可存活，主要原因可能是长江三峡水库消落带桑树浸水时间主要集中在冬季，浸水时期桑树植株处于深度休眠状态，缺氧状态对其影响不大，树体呼吸作用微弱，产生的有害物质不足以导致植株死亡。

（3）连续淹没时间太长、淹没深度较大。桑树在长期淹没下是否存活还受淹没水深及持续淹没时间长短的影响。高水位且长时间连续水淹，植株体内有害物质大量积累，严重制约植株的生长。因此，种植地高程越低，淹没水深越深，越不利于桑树的成活，持续淹没时间越长越不利于桑树的成活和生长。张建军等的研究也表明了桑树在水库消落带水淹环境下超过一定的淹没时间，桑树将不能成活，且随着种植地高程的下降萌芽率下降。

（4）排水条件差、排水不良。水库消落带排水条件差，排水效果不好，大部分根茎上部出露的桑树苗，实际上其根部是长期浸泡在水中的，这也严重影响了其成活率和生长速度。如果水淹后根系完好，能尽快地把水排出去，使其根系不再浸泡在水中，那么在退水后 1 个月左右的时间通过根蘖或者在根茎处萌发出新芽，形成丛生的侧面桑树，其成活率也可大大提高。

（5）土壤较贫瘠，杂草丛生，导致桑树生长缓慢。土壤无论对植物来说还是对土壤动物来说都是重要的生长因子。鄱阳县滨田水库消落带的土壤类别主要为粉质壤土和碎石层，夹少量砾粉质壤土，表土土壤流失严重，母质层土壤严重贫瘠，因多年未利用，长满了非常茂盛的野草和杂树，部分甚至成了冷浆土。因为种植前并未对杂草进行清除，故松土后杂草长得比桑树苗茂盛，争抢了土地的肥力。土壤贫瘠程度影响了桑树苗的成长速度。在土层深厚、肥沃、湿润、疏松透气的壤质土里桑树生长会更好。

6.5.3　江西水库消落带与三峡水库消落带治理对比

江西水库消落带采用三峡水库消落带的桑树苗及其种植方法，但治理效果有一定的差距。其原因主要有以下几点。

（1）消落带水位涨落时期完全相反，这是治理效果相差较大的主要原因。三峡水库正常的调度运行方式为 6 月初腾空防洪库容，水库水位降至防洪限制水位 145m，下泄流量增加；汛期 6—9 月，低水位运行，水库下泄流量等于入库流量，当入库流量较大时，根据下游防洪需要，水库水位抬高，洪峰过后，库水位仍降至 145m；水库每年从 10 月开始蓄水，蓄至正常蓄水位 175m，下泄流量减少，少数年份这一蓄水过程延续到 11 月；12 月至次年 4 月，水库按电网要求放水，流量小于电站保证出力对流量的要求时，动用调节库容，出库流量大于入库流量，库水位 5 月底以前不得低于 155m，以保证上游航道必要的水深。三峡水库运行时水位变化如图 6.45 所示。

长江是雨洪性河流，洪水变化规律与暴雨大体一致，其入汛时间中下游早于上游，长江干流各控制站年最高水位和最大流量出现时间一般在 6—9 月，而以 7—8 月为最多。三峡水库为河道型水库，水库坝高 185m，三峡工程竣工蓄水后，水位控制在 145～175m 之间，库区水位最大变幅可达 30m，两岸高程 145～175m 坡地的生态环境将发生很大变化，会出现库岸长 2996km、面积约 300km² 的水库消落带。

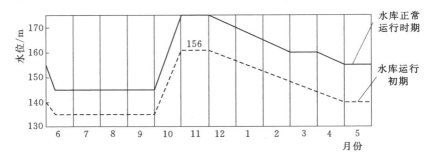

图 6.45　三峡水库运行时水位变化示意图

按照三峡水库"蓄清排浑"运行调度方式，冬季枯水季节水库在 175m 高水位运行，此时对于大多数植物而言并不是最好的生长季节；夏季洪水季节以 145m 防洪限制低水位运行，此时正是植物最适宜生长的季节，水库水位并未上涨，桑树未受到洪水大的干扰，在适宜的生长条件下得到充分的成长。三峡水库消落带治理正是利用了水库"冬水夏陆"的特殊运行方式，让桑树在低水位的夏季得到了充分的生长。而且，桑树的耐淹特点是以植株或种子在长达数月的水下以睡眠状态延续生命，来年春天，大水退去，则迅速发芽，正常生长。

但是江西乃至南方所有水库消落带则刚好与三峡水库消落带相反，"冬干夏水、冬陆夏淹"这一特点与植物夏季生长的特点正好相遇。江西汛期始于 4 月，水位一般在 4 月就逐渐上涨，消落带一般于 5 月淹没，直至 8 月甚至 9 月底水位回落才逐渐出露。而桑树萌芽期为 3 月上旬，高生长期为 7—9 月，生物含量占全年的 75%。故在最适宜桑树生长期的时段，受到洪水长时期连续的干扰，桑树没有得到充分的生长，成活率大大降低。

（2）长江三峡属于河谷地带，气候温暖湿润，紫色土土壤肥沃，消落带内良田沃土众多，有的是移民前的农用地，消落带基本属于耕作土性质；坡地落差较大，排水条件较好。而江西水库消落带内的土壤相对贫瘠，都是老百姓多年无法耕种的土地，非常不利于植物生长；且排水条件不好的地方，多年来已成了冷浆土，故肥瘦两种不同性质的土壤对于桑树成长也是一个直接的影响因素。

（3）本书项目组选择的水库消落带种植示范点高程较低，排水条件太差，且在桑树的生长期遭遇了洪水期，故治理效果不好。

第 7 章

结 论 与 建 议

7.1 桑树在水库消落带中的应用总结

本书项目组经过 3 年多的应用实践研究，取得的主要成果如下。

（1）桑树扦插育苗生根率较高，大面积应用时，树苗可以轻松获取。经过不同基质的扦插试验研究，得出了桑树最佳扦插的方法，即为：夏季枝条刚木质化或半木质化时，用黄心土为基质，插条用 0.01% 的 ABT 浸泡 0.5h，生根率可达 95% 以上。

（2）地势较高、排水良好的地方，桑树成活率较高，生态修复效果明显。通过水库消落带、山塘边坡、鄱阳湖湿地试点种植及 3 年生长期的实证研究，总结分析桑树在江西水库消落带的淹没时间、淹没深度与成活率的关系。桑树在鄱阳湖湿地、山塘边坡具有良好的生长效果，但在两个典型水库消落带种植的情况并不理想，这是因为种植的地势较低，排水效果差，多数已成为杂草众生的冷浆土，且桑树长期在最适宜生长的季节里被连续深度淹没，成活率大大下降，幸存下来的也长势较差。总结在山塘边坡种植的成功经验可以看出，在水库消落带上种植桑树，应该选择地势较高、汛期不会连续长时间受淹、排水条件尚好的坡地上种植，其成活率将会大大提高，成长情况良好。

（3）土壤肥瘦情况对桑树的成长和生态修复效果影响不大。经过对水库消落带、鄱阳湖湿地及山塘边坡的种植试验分析，江西水库消落带内的土壤相对贫瘠，都是老百姓多年无法耕种的土地，非常不利于植物生长，而在鄱阳湖湿地没有长期受水淹、土质较肥沃的情况下，桑树长势良好，生态恢复效果明显；在山塘边坡未长期受水淹的情况下，排水条件尚好，即使土壤贫瘠，生长条件不好，桑树也能较好地生长，并初步显示出了良好的经济效益。故桑树繁殖能力强，只要不是在适宜生长的季节里长期被水淹没，桑树在土质较差的地里也能够较好地生长，不一定要在肥沃、平整的土地里才能生存。

（4）桑树具有一定的耐旱性和耐淹性。1 年生的幼苗连续干旱 40d 的情况下，成活率可达到 95％，连续全淹没天数在 50d 以内，桑树苗成活率可达到 80％左右。

7.2 水库消落带开发利用前景

近年来，水库消落带的开发利用和生态修复越来越受到各界的重视，学者们也陆续开展了相关的应用研究，但总体来说应用程度和研究深度还远远不够，有的应用还带有一定的盲目性，特别是在两栖植物种类的选择及生态配置方面。如何在保障生态安全、水质安全的前提下筛选具有广泛适应性的两栖草本、木本植物种类，并根据坡度、土质、水位涨落高差、水位涨落规律等条件探索河流、湖泊、水库等消落带岸坡生态修复的成熟技术及模式是当务之急。

（1）消落带植被是消落带生态系统的重要组成部分，在维护消落带生态系统稳定和生态功能方面发挥着重要作用。在水库消落带进行植被种植的生态修复模式，可以利用庞大的植物根系加固库岸，减少波浪对库岸的冲击，形成阻挡化肥、农药、泥沙和杂物进入水库的一道缓冲带，既达到了库区的景观效果，又起到生态改善效果，如果与经济作物结合，水库消落带开发利用既产生了生态效益，也将产生巨大的经济效益，未来将会成为消落带开发利用的主要趋势。

（2）经过探索试验发现，桑树在水库消落带开发修复中的经济效果、生态修复效果显著，可以在江西甚至南方省份适合种植的水库消落带中推广，桑树种植可以与家畜养殖、桑蚕养殖等联合，形成较好的桑树培育、饲料加工、家畜养殖、有机畜牧产品加工、营销的产业链。

（3）消落带很大一部分区域土壤肥沃，像建库时淹没的河滩地、农田等本身就是肥沃的地方，加上水库蓄水后水中微粒物质的沉积，更增强了土壤的肥力，在水库消落带开发利用中造林，特别是经济林，可以充分利用消落带闲置的土地，且灌溉方便，在干旱的年份也能够很方便地取水，提高了树木的成活率。消落带开发利用可以助力精准扶贫，解决库区附近部分居民和移民的就业问题。

（4）水库消落带开发将以水库水面为载体，进一步拓展生态旅游开发空间。在水库库区范围内，以水土保持为前提开发利用水库消落带，合理利用消落带的土地资源、森林资源和动植物资源来开发非水体类旅游活动，完善旅游产品体系，丰富旅游产品品种，形成独具特色的水利旅游风景区，开发利用前景十分广阔。

7.3　建议

（1）消落带生态修复需要以生态类型划分为基础，不同生态类型的消落带生态修复模式不同。目前，消落带分类主要以高程分类方式为主。建议今后以高程、坡度、土壤类型等多种环境特征进行分类，形成环境特征与消落带类型的直观联系，为水库消落带生态修复和植物选择提供参考依据。

（2）建议根据消落带的坡度大小决定是否进行生态修复，对于坡度大于40°的区域，应采取封禁管护的模式进行生态修复；对于坡度小于40°的区域，可采取植树种草等方式进行生态修复。

（3）应根据消落带土壤类型和水位高低决定生态修复的植物种类。对于土壤水分含量低、植物根系生长困难的岩质型土壤，建议选择根系发达的草本进行修复；对于土壤水分含量高的土质型土壤，建议选择草本、灌木或乔木等多种植物进行修复。

（4）根据桑树在江西省典型水库消落带中的开发利用与生态修复应用实践得知：在地势较高，排水条件尚好，但不适宜粮食作物或者其他植物生长的贫瘠土壤中，只要淹没时间不超过50d，桑树成活率较好，对各种类型土壤适应能力较强，可在地势较高的水库消落带修复中推广种植。

（5）水库消落带治理是一项全面、系统的工程，需要科学规划与设计，只有综合采用多种措施联合治理才能取得成功。水库消落带存在周期性、风险性和区域性特点，开发利用与生态修复要解决的关键性问题主要有洪水干扰、土壤成分、排水条件、物种筛选、幼林的成活、成林的管理等。因此，全面的调查、科学的规划设计、完整的实验和严格的评估是消落带治理不可缺少的内容。

参 考 文 献

［1］ 廖晓勇. 三峡水库重庆消落区主要生态环境问题识别与健康评价［D］. 成都：四川农业大学，2009.

［2］ WHIGHAM D F. Ecological issues related to wetland preservation, restoration, creation and assessment［J］. The Science of Total Environment，1999，240（1）：32 - 40.

［3］ LOWRANCE R R，AIRIER L S，WILLIAMS R G，et al. The riparian ecosystem management model：simulator for ecological processes in riparian zones［J］. Journal of Soil and Water Conservation，2000，55（1）：27 - 34.

［4］ 程瑞梅，王晓荣，肖文发，等. 消落带研究进展［J］. 林业科学，2010（4）：111 - 119.

［5］ 王勇，刘义飞，刘松柏，等. 三峡库区消涨带植被重建［J］. 植物学通报，2005，22（5）：513 - 522.

［6］ 谢德体，范小华，魏朝富. 三峡水库消落区对库区水土环境的影响研究［J］. 西南大学学报（自然科学版），2007，29（1）：39 - 47.

［7］ 谢会兰，张学勇. 黄壁庄水库消落区土地资源的合理利用［J］. 资源开发与保护，1991，7（2）：96 - 98.

［8］ 赵纯勇，杨华，苏维词. 三峡重庆库区消落区生态环境基本特征与开发利用对策探讨［J］. 中国发展，2004（4）：19 - 23.

［9］ 胡征宇，蔡庆华. 三峡水库蓄水前后水生态系统动态的初步研究［J］. 水生生物学报，2006（1）：1 - 6.

［10］ 张永祥. 水库消落带生态修复与重建［D］. 南宁：广西大学，2007.

［11］ 陈展，尚鹤，姚斌. 美国湿地健康评价方法［J］. 生态学报，2009，29（9）：5015 - 5022.

［12］ 杨永兴. 国际湿地科学研究的主要特点、进展与展望［J］. 地理科学进展，2002，21（2）：111 - 120.

［13］ BRINSON，MARK M. A hydrogeomorphic classification for wetlands［R］. Washington，DC. US Army Corps of Engineers，1993.

［14］ 孙毅，郭建斌，党普兴，等. 湿地生态系统修复理论及技术［J］. 内蒙古林业科技，2007，33（3）：33 - 35.

［15］ 张建春，彭补拙. 河岸带及其生态重建研究［J］. 地理研究，2002（3）：373 - 383.

［16］ 颜昌宙，金相灿，赵景柱，等. 湖滨带退化生态系统的恢复与重建［J］. 应用生态学报，2005（2）：360 - 364.

［17］ 张永泽，王烜. 自然湿地生态恢复研究综述［J］. 生态学报，2001（2）：309 - 314.

［18］ 吕明权，吴胜军，陈春娣，等. 三峡消落带生态系统研究文献计量分析［J］. 生态学报，2015，35（11）：3504 - 3518.

[19] 张建军，任荣荣，朱金兆，等．长江三峡水库消落带桑树耐水淹试验 [J]．林业科学，2012，48 (5)：154－158．

[20] 杨好星．华南地区水库消落带植被恢复技术研究——以新丰江水库为例 [D]．广州：广东工业大学，2016．

[21] 张虹，朱平．基于 RS 与 GIS 的三峡重庆库区消落区分类系统研究——以重庆开县为例 [J]．国土资源遥感，2005 (3)：66－69．

[22] 袁辉，黄川，崔志强，等．三峡库区消落带与水环境响应关系预测 [J]．重庆大学学报，2007，30 (9)：134－138．

[23] 范小华，谢德体，魏朝富，等．水、土环境变化下消落区生态环境问题研究 [J]．中国农学通报，2006，22 (10)：374－379．

[24] 牛志明，解明曙．三峡库区水库消落区水土资源开发利用的前期思考 [J]．科技导报（北京），1998 (4)：61－62．

[25] 刘光德，李其林，黄昀．三峡库区面源污染现状与对策研究 [J]．长江流域资源与环境，2003，15 (5)：462－466．

[26] 黄川．三峡水库消落带生态重建模式及健康评价体系构建 [D]．重庆：重庆大学，2006．

[27] 中国环境监测总站．2005 年长江三峡工程生态与环境监测公报 [R]．2005．

[28] 简尊吉．三峡水库峡谷地貌区消落带土壤理化性质和植物群落对水位变化的响应 [D]．北京：中国林业科学研究院，2017．

[29] 杨钢．三峡库区受淹土壤污染物释放量的试验研究 [J]．水土保持学报，2004，18 (1)：111－114．

[30] 袁辉．三峡库区消落带对水环境影响分析及利用模式研究 [D]．重庆：重庆大学，2006．

[31] 胡刚，王里奥，袁辉，等．三峡库区消落带下部区域土壤氮磷释放规律模拟实验研究 [J]．长江流域资源与环境，2008，17 (5)：780－780．

[32] 冯义龙．重庆市主城区两江消落区植被调查及其景观配置 [D]．重庆：西南大学，2006．

[33] 包洪福．南水北调中线工程对丹江口库区生物多样性的影响分析 [D]．哈尔滨：东北林业大学，2013．

[34] 郝佳．金沙江龙头水库建设对陆生植被生态系统多样性影响比较研究 [D]．昆明：西南林学院，2009．

[35] 黄朝禧．鄂域水库消落区土地资源的健康开发与利用模式研究 [D]．武汉：华中农业大学，2006．

[36] 陈昌齐，叶元土，刘方贵，等．三峡水库重庆库区消落带渔业利用初步研究 [J]．国土与自然资源研究，2000 (1)：51－54．

[37] 宋长河，谈华炜．浅谈丹江口水库渔业利用现状及发展意见 [J]．水利渔业，1993 (6)：28－30，47．

[38] 曹克驹，郑光明，周模楷，等．丹江口水库消落区的变动特点及其渔业利用的探讨 [J]．水利渔业，1990 (2)：17－20，56．

[39] 杨沁芳，于涛，郭和清，等．水库坝拦库湾集约化养鱼推广应用报告 [J]．水利渔业，1993 (6)：3－5，13．

[40]　章期红 . 土拦库湾多品种鱼种混养提高库湾综合效益 [J]. 水产学杂志，1995（2）：88－90.

[41]　刘孝盈，吴保生，于琪洋，等 . 水库淤积影响及对策研究 [J]. 泥沙研究，2011（6）：37－40.

[42]　喻蔚然，罗梓茗 . 江西省水库淤积现状及治理措施 [J]. 江西水利科技，2015，41（5）：337－340.

[43]　刘世海，胡春宏 . 近廿年来官厅水库流域水土保持拦沙量估算 [J]. 泥沙研究，2004（2）：67－71.

[44]　江刘其，陈煜初 . 新安江水库消落区种植挺水树木林研究初报 [J]. 浙江林业科技，1992（1）：40－43.

[45]　地质矿产部编写组 . 长江三峡工程库岸稳定性研究 [M]. 北京：地质出版社，1988.

[46]　焦居仁 . 生态修复的要点与思考 [J]. 中国水土保持，2003（2）：5－6.

[47]　余敏芬，方佳，何勇清，等 . 水蚀对千岛湖消落带土壤氮素影响的数值模型分析 [J]. 浙江农林大学学报，2013，30（6）：805－813.

[48]　倪晋仁，刘元元 . 论河流生态修复 [J]. 水利学报，2006，37（9）：1029－1037.

[49]　许晓鸿，王跃邦，刘明义，等 . 江河堤防植物护坡技术研究成果推广应用 [J]. 中国水土保持，2002（1）：17－18.

[50]　刘晓晖，王炜亮，鞠甜甜，等 . 城市河道岸坡的生态型修复研究 [J]. 环境科技，2015，28（1），75－80.

[51]　郑楠炯，周买春，谯雯，等 . 华南地区水库消落带侵蚀状况与生态治理——以高州水库为例 [J]. 科学技术与工程，2017，17（34）：142－153.

[52]　刘金珍，樊皓，阮娅 . 乌东德水库坝前段消落带生态类型划分及生态修复模式初探 [J]. 长江流域资源与环境，2016，25（11）：1767－1773.

[53]　饶丽，朱振亚 . 三峡库区消落带环境整治与生态修复调查研究 [J]. 环境影响评价，2016，38（3）：77－80.

[54]　周静，万荣荣 . 湿地生态系统健康评价方法研究进展 [J]. 生态科学，2018，37（6）：209－216.

[55]　宫兆宁，孙伟东，甄姿 . 官厅水库消落带生态系统健康评价 [J]. 湿地科学，2017，15（3）：329－336.

[56]　涂建军，王小飞 . 三峡库区消落带生态系统健康评价研究——以重庆开县为例 [C] // 地理学核心问题与主线——中国地理学会 2011 年学术年会暨中国科学院新疆生态与地理研究所建所五十年庆典论文摘要集 . 2011.

[57]　胡艳芳，雷雅凯，田国行，等 . 燕山水库消落带生态系统健康评价 [J]. 河南农业大学学报，2014，48（6）：757－764，779.

[58]　郑中华，许大彬，孙谷畴 . 湖榕、水翁混交护岸林带绿化固土效果研究 [J]. 中国水土保持，2000（11）：17－19.

[59]　陈定如 . 水翁、海南蒲桃、蒲桃、洋蒲桃 [J]. 广东园林，2007（3）：79－80.

[60]　中国科学院华南植物园 . 广东植物志 [M]. 广州：广东科技出版社，2009.

[61]　王迪友，邓文强，杨帆 . 三峡水库消落区生态环境现状及生物治理技术 [J]. 湖北农业科学，2012，51（5）：865－869.

[62]　徐高福，卢刚，张建和，等 . 千岛湖库区消落带造林技术研究 [J]. 浙江林业科技，

2016，36（6）：1 – 7.

[63]　任立，任梓维.利用嫁接技术在湿地消落带种植核桃树的方法：201310737544.1 [P]. 2014 – 03 – 19.

[64]　韩世玉.桑树资源概况及其多元化利用 [J].贵州农业科学，2006，34（3）：118 –121.

[65]　任荣荣.中国沙地桑产业化研究和实践 [R].北京：北京圣树农林科学有限公司，2005.

[66]　邱凤英，肖复明，江香梅，等.桑树扦插繁育试验技术研究 [J].林业实用技术，2013（2）：33 – 35.

[67]　涂建军，陈治谏，陈国阶，等.三峡库区消落带土地整理利用——以重庆市开县为例 [J].山地学报，2002，20（6）：712 – 717.

[68]　赵雨果.三峡库区消落带土地利用系统结构研究——以重庆开县消落带为例 [D].重庆：西南大学，2010.

[69]　付奇峰，林素彬，黎晨，等.两栖植物在消涨带岸坡生态修复中的应用研究 [J].中国农村水利水电，2006（2）：64 – 66.